LEÇONS

DE

MÉCANIQUE PRATIQUE.

Imprimerie de Guibaudet et Jouaust,
rue Saint-Honoré, 315.

LEÇONS

DE

MÉCANIQUE PRATIQUE

A L'USAGE DES

AUDITEURS DES COURS DU CONSERVATOIRE DES ARTS ET MÉTIERS,

ET DES

SOUS-OFFICIERS ET OUVRIERS D'ARTILLERIE

PAR ARTHUR MORIN,

Lieutenant-Colonel d'artillerie, membre de l'Institut, ancien Élève de l'École polytechnique, Professeur de Mécanique industrielle au Conservatoire des arts et métiers, Membre correspondant de l'Académie royale des Sciences de Berlin, de l'Académie royale des Sciences de Madrid, de l'Académie royale de Metz et de la Société industrielle de Mulhouse.

1re Partie.

NOTIONS FONDAMENTALES

ET

DONNÉES D'EXPÉRIENCE.

PARIS,

LIBRAIRIE SCIENTIFIQUE-INDUSTRIELLE

DE L. MATHIAS (Augustin),

QUAI MALAQUAIS, 15.

1846

AVANT-PROPOS.

En me déterminant à céder aux instances qui
m'ont été faites par les auditeurs des cours du
Conservatoire des arts et métiers, et par plusieurs
de mes camarades, de publier mes leçons sur la
mécanique industrielle, je ne me suis pas dissi-
mulé que la marche à suivre dans leur rédaction
présentait deux difficultés graves et directement
opposées : d'une part, l'emploi d'un trop grand
appareil de formules et de considérations scienti-
fiques; et de l'autre, le défaut de rigueur mathé-
matique. Aurai-je été assez heureux pour éviter
l'une sans trop sacrifier à l'autre ? je l'ignore. Je
dirai seulement qu'ayant principalement en vue
d'exposer les règles déduites de la théorie et de
l'expérience, et de les rendre d'une application

facile sans cesser de leur conserver le caractère d'exactitude qu'elles peuvent comporter, je n'ai employé des considérations théoriques que ce qui m'a paru indispensable à la solution des questions. Dans la discussion des résultats des expériences et dans quelques études, j'ai toujours préféré les méthodes géométriques, les représentations graphiques, qui parlent aux yeux en même temps qu'à l'esprit, et qui d'ailleurs permettent souvent de résoudre des questions que le calcul ne peut traiter avec succès.

La première partie de cette publication contient les leçons que, chaque année, je suis obligé de faire pour exposer les principes élémentaires de la mécanique appliquée, et les résultats généraux et fondamentaux d'expériences sur les principales résistances passives. Je ne pouvais mieux faire, pour cette exposition des principes, que de suivre la marche adoptée depuis long-temps avec tant de succès par mon savant confrère M. Poncelet, dont je m'honore d'avoir été l'élève et d'être l'ami. Aussi ai-je emprunté la plupart des démonstrations à son Introduction à la mécanique industrielle et à ses Leçons aux ouvriers messins. Quinze leçons au plus sont consacrées à ces notions fondamentales : c'est bien peu sans doute ; mais, dans un cours de mécanique industrielle qui comporte au plus quarante leçons par an, il faut de toute nécessité réserver la plus large part pour les applications. Les lecteurs qui voudront étudier d'une manière plus complète la théorie de la mécanique appliquée trouveront, dans le cours que M. Poncelet professe à la Sorbonne, un enseignement à la fois complet, rigoureux et étendu, fondé sur les notions élémentaires de la géométrie, dégagé des difficultés du calcul, et dans lequel les questions les plus délicates sont traitées avec autant de simplicité et de clarté que de succès.

Pour moi, dont le but unique est d'être utile aux ingénieurs praticiens et à ceux de mes camarades qui sont chargés d'établir les usines de l'artillerie, je me suis principalement attaché à la partie pratique et usuelle ; et si je suis parvenu à rendre faciles les applications de la mécanique aux besoins de l'industrie et des services publics, je supporterai facilement le reproche qui pourrait m'être fait d'avoir donné trop peu de développements à la partie scientifique.

La publication de ces leçons aura lieu par parties, selon le temps que mes devoirs me permettront d'y consacrer; mais chaque partie sera à peu près complète. Pour le moment je ne puis donner que la première, contenant les notions fondamentales; la deuxième, qui traite de l'hydraulique; et la troisième, relative aux machines à vapeur.

LEÇONS

DE

MÉCANIQUE PRATIQUE.

Iʳᵉ Partie.

NOTIONS FONDAMENTALES

ET

DONNÉES D'EXPÉRIENCE.

Iʳᵉ LEÇON.

DE LA MESURE DES QUANTITÉS QUI ENTRENT COMME ÉLÉMENTS DANS LES CALCULS DES EFFETS MÉCANIQUES.

1. Avant de nous occuper des effets mécaniques, il est nécessaire de rappeler ou d'indiquer succinctement les moyens et les méthodes en usage pour déterminer les quantités qui doivent entrer comme éléments principaux ou comme intermédiaires dans le calcul de ces effets. Nous chercherons à le faire en peu de mots. Les principaux de ces éléments sont l'étendue, le temps, et les causes qui produisent ou empêchent le mouvement.

2. *De l'étendue.*—L'étendue a trois dimensions : longueur, largeur, hauteur. Pour la mesurer on la distingue en *ligne* ou *dimension linéaire,* qui est une longueur sans largeur ; en surface, ayant *longueur* et *largeur,* et en *solide* ou *volume*, qui réunit les trois dimensions de l'étendue. (LEGENDRE, *définitions.*) La mesure de l'étendue constitue la science de la géométrie. Nous n'avons donc à nous en occuper qu'au point de vue de son emploi dans les applications à la mécanique.

Les *longueurs* se mesurent par leur comparaison avec une unité de convention adoptée dans chaque pays , et qui en France est le *mètre,* subdivisé en décimètres, centimètres et millimètres. Pour apprécier des fractions plus petites que le millimètre on se sert du *vernier,* et de divers appareils de précision, tels que vis micrométriques, compensateurs, etc., dont la description est du ressort de la géométrie industrielle.

Les *surfaces* se mesurent par les règles de la géométrie et s'expriment en mètres carrés. Mais il arrive souvent qu'elles sont terminées par des lignes et contours qui ne sont soumis à aucune loi géométrique connue, et alors il est nécessaire de recourir à des modes de quadrature approximatifs ou à des moyens mécaniques. L'emploi de ces méthodes se reproduisant sans cesse dans les relèvements et la description des résultats d'expériences, nous en parlerons avec quelques détails pour n'avoir plus besoin d'y revenir.

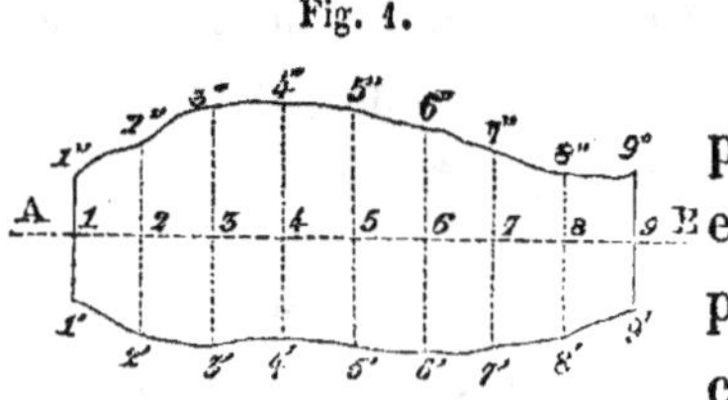

L'une des méthodes les plus simples et les plus exactes de déterminer approximativement par le calcul la surface limitée par un contour quelconque curviligne ou composé de parties courbes et de droites est la suivante. Menez à travers la surface une ligne AB, et partagez la distance de ses deux points d'intersections avec le contour en un nombre *pair*

de parties égales, numérotées 1 , 2, 3, 4...., 7, 8, 9, par exemple. Aux points de divisions élevez des perpendiculaires à la ligne AB, appelée axe des abscisses. Vous aurez les longueurs des ordonnées $1'1''$, $2'2''$, $3'3''$...., $8'8''$, $9'9''$. Cela fait, la surface S terminée par la ligne courbe aura pour valeur

$$S = \frac{1}{3}\,1.2\,[1'.1'' + 9'.9'' + 4(2'.2'' + 4'.4'' + ..8'.8'') + 2(3'\,3'' + 5'.5'' + ..7'.7'')],$$

c'est-à-dire *le tiers de l'intervalle de deux ordonnées consécutives, équidistantes, multiplié par la somme des ordonnées extrêmes, plus quatre fois la somme des ordonnées de rang pair, plus deux fois la somme des ordonnées de rang impair.*

M. Poncelet a donné la démonstration suivante de cette règle, page 187 de *l'introduction à la mécanique industrielle*, 2ᵉ édition.

Démonstration de la formule de Simpson. — L'aire à mesurer étant limitée par le contour $aa'b'c'd'...g'g...ba$,

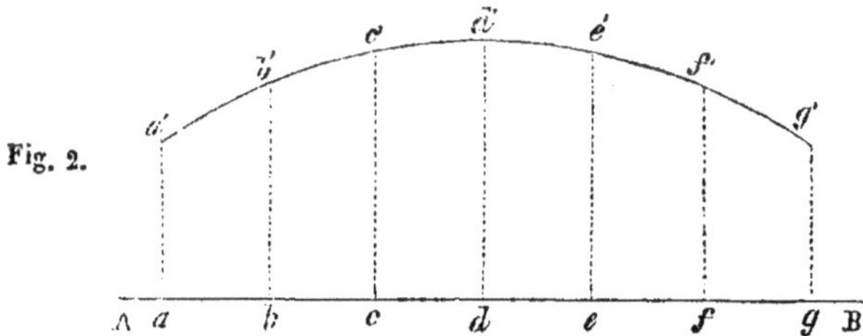

Fig. 2.

si l'on partage la ligne ag en six parties égales, on aura d'abord une première approximation en prenant la somme des aires des trapèzes rectilignes $aa'b'b$, $bb'c'c$, etc., ce qui donnera

$$\frac{1}{2}ab\,(aa' + bb') + \frac{1}{2}bc\,(bb' + cc') + \frac{1}{2}cd\,(cc' + dd') + \text{etc..}$$

ce qui revient à

$$\frac{1}{2}ab(aa' + 2bb' + 2cc' + 2dd' + 2ee' + 2ff' + gg').$$

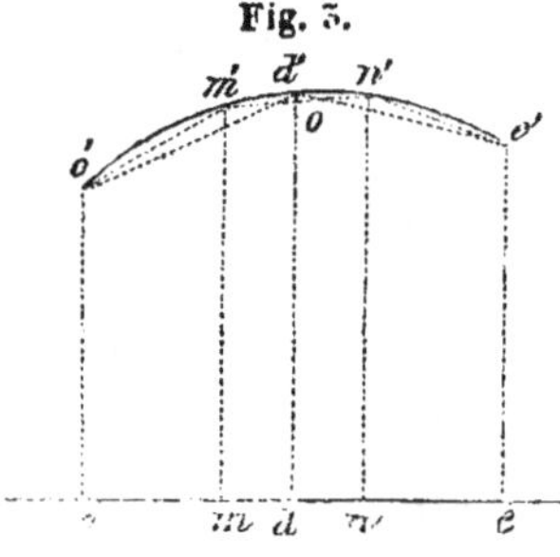

Fig. 5.

Cette méthode est la plus ordinairement suivie. Mais il est clair que, pour des courbes dont la concavité est toujours tournée vers la ligne ag des abscisses, cette formule donnera un résultat trop faible ; qu'au contraire elle le donnera trop grand pour des courbes convexes vers la ligne ag. Il n'y aura compensation approximative que pour les courbes alternativement concaves et convexes.

Mais si l'on considère l'intervalle compris entre deux ordonnées impaires consécutives cc' et ee' et qu'on partage ce en trois parties égales, $cm = mn = ne$, on aura d'abord une valeur plus approchée de l'aire mixtiligne $cc'd'e'e$, en substituant les trois trapèzes rectilignes $cc'm'm$, $mm'n'n$, $nn'e'e$, aux deux trapèzes $cc'd'd$ et $dd'e'e$. La somme des aires de ces trois trapèzes est

$$\frac{1}{2}cm(cc' + 2mm' + 2nn' + ee') = \frac{1}{3}ab\,(cc' + 2mm' + 2nn' + ee'),$$

attendu que

$$cm = mn = ne = \frac{2}{3}ab.$$

En menant la ligne $m'n'$ qui rencontre dd' en o, on a

$$do = \frac{1}{2}\,(mm' + nn');$$

d'où

$$2\,(mm' + nn') = 4\,.do.$$

L'aire totale de ces trois trapèzes a donc pour valeur

$$\frac{1}{3}\,ab\,(cc' + 4\,.do + ee').$$

Or cette aire est plus petite que l'aire curviligne à mesurer, et si l'on substitue à *do* l'ordonnée *dd'* un peu plus grande, et qui est donnée, on établira une compensation approximative. Donc on obtiendra une valeur plus approchée de l'aire curviligne *cc'd'e'e* par l'expression

$$\frac{1}{3}\,ab\,(cc' + 4\,dd' + ee').$$

On aurait de même pour l'aire *aa'c'c*

$$\frac{1}{3}\,ab\,(aa' + 4\,bb' + cc').$$

Donc, en faisant la somme de toutes ces aires partielles, on aura pour la valeur approchée de la surface totale

$$\frac{1}{3}\,ab\,[aa' + 4\,(bb' + dd' + ff') + 2\,(cc' + ee') + gg'],$$

Ce qui est la formule de Simpson.

Il peut arriver que dans quelques cas certaines ordonnées soient nulles, ce qui n'empêche pas la formule d'être employée.

On devra choisir la ligne AB des abscisses de façon que les ordonnées ne coupent pas la courbe sous des angles trop petits, ce qui laisserait de l'incertitude sur le point d'intersection.

On devra multiplier d'autant plus les divisions que la

courbure sera plus prononcée et plus accidentée, et qu'on voudra obtenir plus d'approximation.

Quand la surface à quarrer est limitée d'avance à une ligne d'abscisses AB et à deux ordonnées extrêmes, on opère de même.

Cette méthode, connue sous le nom du géomètre Simpson, auquel elle est due, est plus exacte et plus approximative que celle qui consiste à prendre la somme des aires des trapèzes inscrits.

Nous en donnerons de nombreuses applications.

Les *cubatures des solides, des déblais et remblais irréguliers, le déplacement des bâtiments*, en offrent aussi souvent l'emploi.

Lorsqu'il s'agit de solides terminés par des surfaces courbes irrégulières et dont la loi n'est pas connue, on procède d'une manière analogue. Nous prendrons pour exemple *le déplacement des bâtiments*. On fait, ou l'on a ordinairement d'avance, le tracé des profils transversaux ou *gabarits* du bâtiment à des distances égales, depuis l'avant jusqu'à l'arrière, et limité supérieurement à la ligne de flottaison. On commence par faire la quadrature partielle de chacun de ces profils, que l'on prend en nombre impair, comprenant par conséquent un nombre pair d'intervalles égaux. On porte sur une ligne d'abscisses ces intervalles égaux. En chaque point de division on élève une perpendiculaire ou ordonnée, qu'à une échelle convenue on prend pour représenter la surface du profil correspondant. Par les extrémités de toutes ces ordonnées on fait passer une courbe, et l'aire comprise entre la courbe et les ordonnées extérieures de la ligne des abscisses, calculée par la formule de Simpson, donne le volume du déplacement du navire.

On résout, comme nous le verrons plus tard, par la méthode des quadratures beaucoup d'autres questions pour lesquelles le calcul offrirait quelquefois des difficultés insurmontables.

5. *Du temps et de sa mesure.* — Le temps est la succession non interrompue d'événements ou de mouvements identiques. Pour mesurer le temps il suffit donc d'obtenir des temps égaux qui se succèdent sans discontinuité, et d'en comparer le nombre à la durée des phénomènes à observer.

Pour les longues durées, l'observation des phénomènes célestes a été de toute antiquité mise en usage, et leur périodicité a servi à déterminer les grandes unités de temps, telles que l'année, le mois, le jour, l'heure, etc. Pour les périodes courtes on a recours à des mouvements plus rapides et plus faciles à observer.

4. *Clepsydre des anciens.* — Cet appareil, dont on ignore l'origine, consiste en une bouteille de verre offrant la forme de deux conoïdes opposés par le sommet, et dont l'intérieur communique par un petit orifice percé dans la troncature qui les réunit. Autrefois on y mettait de l'eau, aujourd'hui on y place du sable fin, ce qui lui a fait donner le nom de *sablier*. La quantité d'eau ou de sable est proportionnée à l'aire de l'orifice, de telle sorte que le fluide passe d'un des cônes dans l'autre dans un inter-

Fig. 4.

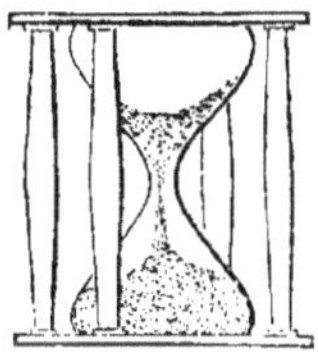

valle de temps déterminé. Chez les Grecs, cet appareil servait par la durée de l'écoulement de l'eau à régler la durée des plaidoyers et des discours.

5. *Du pendule.* — On rapporte que c'est en remarquant l'isochronisme ou l'égale durée des oscillations des lustres suspendus à la voûte de la cathédrale de Florence que Galilée fut conduit à observer le mouvement du pendule. En comparant ces durées pour des pendules simples formés d'un corps très dense suspendu à un fil assez délié pour qu'on pût en négliger le poids, il reconnut qu'en effet les oscillations d'un pendule simple sont *isochrones* ou de même durée, quoique leur amplitude diminue. Puis, en observant des pendules de différentes longueurs, il trouva que *les durées des oscillations sont entre elles comme les racines carrées des longueurs.* On a ainsi, en appelant T et T' les durées des oscillations de deux pendules de longueur L et L' la proportion

$$T : T' :: \sqrt{L} : \sqrt{L'}.$$

Nous admettrons donc cette loi, que l'observation a fait connaître et que la théorie n'a démontrée que plus tard.

Or on sait qu'à Paris le pendule simple qui fait ses oscillations en $1''$ a une longueur de $0^m.993\,855$. On pourra donc déterminer la longueur du pendule simple qui fait ses oscillations dans un temps donné T par la formule

$$L = 0.993\,855\,T^2,$$

d'où l'on tire pour les temps

$$T = 1''.00 \qquad 0''.50 \qquad 0''.40 \qquad 0''.30 \qquad 0''.20 \qquad 0''.10$$

les longueurs

$$L = 0^m.993\,855 \quad 0^m.248\,464 \quad 0^m.159\,017 \quad 0^m.089\,447 \quad 0^m.039\,754 \quad 0^m.009\,938.$$

On voit qu'à défaut d'instrument chronométrique qui donne de petits intervalles de temps, il sera facile de faire avec une balle de plomb et un fil un pendule qui exécute ses oscillations dans un temps donné. On vérifiera, et l'on déterminera d'ailleurs exactement la durée des oscillations en les comptant pendant plusieurs minutes.

La durée des oscillations du pendule simple varie avec la latitude, et croît du pôle à l'équateur, lorsque la longueur est la même ; ou pour une même durée de $1''$ la longueur diminue du pôle à l'équateur. Les premières observations à ce sujet sont dues à Richer, astronome français qui en 1672 trouva à Cayenne que le pendule qui battait les secondes était plus court de $22^l.25$ en ce lieu qu'à Paris, où il avait 5 pieds 8 lignes. Varin et Deshayes, en 1681, à Gorée, à la Guadeloupe et à la Martinique, vérifièrent et mesurèrent aussi cette différence.

En un lieu dont la latitude est a, la longueur du pendule simple est

$$L = 0^m.993\,512\,[1 - 0.002\,588\cos 2a].$$

Mais, cette variation de longueur étant peu sensible pour la France entière, on peut se dispenser d'en tenir compte pour des calculs d'application ordinaire. (Poisson, 2ᵉ édition.)

6. *Manière de se servir du pendule simple dans les observations de mécanique.* — Pour se servir d'un pendule dans les observations du mouvement des machines, on le suspend dans la direction de l'œil et du corps dont on observe le mouvement, de manière à voir à la fois les passages de ces deux corps. On fait les expériences à deux ; l'un des observateurs suit et compte les oscillations du pendule, l'autre les périodes de mouvement du corps.

7. *Appareils pour mesurer le temps dans les expériences.* — Outre le pendule , il existe des appareils chronométriques destinés aux observations, tels que les montres à secondes indépendantes donnant 1″, 0″.50, 0″.25 ; les compteurs simples ou à pointage, les compteurs de M. Bréguet. Enfin faute d'instruments on peut se servir de l'isochronisme des battements du pouls, qui chez un homme en bonne santé donne 70 à 75 pulsations en 1′.

Il existe encore d'autres appareils qui servent à mesurer le temps avec une approximation beaucoup plus grande et dont nous parlerons plus tard.

8. *Divisibilité des quantités en éléments infiniment petits.* — Avant d'aller plus loin il est utile de remarquer dès à présent que, toutes les quantités étant susceptibles d'accroissement ou de diminution, elles peuvent être considérées comme composées de parties, d'éléments dont le nombre est d'autant plus grand que les parties sont moindres ; et, comme au dessous de toute partie finie on peut en concevoir une plus petite, on voit qu'en définitive les quantités ou les corps peuvent être regardés comme composés d'éléments infiniment petits , ou plus

petits que toute quantité donnée, dont la réunion, la somme, produit une quantité finie.

Si l'on se reporte à l'accroissement progressif des objets que nous offre la nature, on concevra plus facilement cet accroissement ou cette diminution graduelle des quantités, par l'addition ou la soustraction continue de quantités infiniment petites.

Les végétaux dans leur croissance si variée et parfois si rapide ne poussent cependant que par degrés insensibles, par développements infiniment petits, qui, ajoutés les uns aux autres pendant un mois, une année, forment la pousse de cette période.

Un enfant grandit rapidement vers 10 à 12 ans quand il croît de $0^m.10$ par an ou en

$$3\ 600'' \times 24^h \times 365^j = 31\ 536\ 000'',$$

ou de

$$\frac{0^m.10}{31\ 536\ 000} = 0^m.000\ 000\ 003,$$

ou 3 millionièmes de millimètres en $1''$; et comme on peut fractionner la seconde en quelque sorte indéfiniment, on voit que l'accroissement peut l'être de même.

C'est encore ainsi que le passage des piétons, qui en quelques années usent les dalles en lave d'un trottoir, la chute d'une cascade qui depuis des siècles ronge le rocher de granit sur lequel elle tombe, le passage de la vapeur à travers le tiroir distributeur qu'elle use en 20 ou 30 ans, enlèvent et détruisent à chaque instant des quantités infiniment petites qui, ajoutées les unes aux autres, produisent une destruction finie.

Ces exemples n'ont pour but que de faire sentir que toutes les quantités croissent et diminuent graduellement par éléments infiniment petits qui, ajoutés les uns aux autres pendant des temps finis, forment des quantités finies.

Ces notions nous seront nécessaires pour l'étude des effets mécaniques, qui ne s'accomplissent jamais brusquement et dans des temps nuls, mais par degrés quelquefois lents et parfois si rapides, que nos sens et nos moyens d'observation ne peuvent en saisir la durée, sans que pour cela cette durée puisse jamais être supposée nulle.

9. *Du mouvement et du repos.*—Le mouvement peut être *absolu* ou *relatif*. Il est absolu quand le corps que l'on considère change de lieu ; il est relatif quand le corps change de position par rapport à d'autres corps considérés comme fixes. Ainsi, quand un homme marche dans un bateau avec une vitesse égale à celle du bateau et dirigée en sens contraire, son mouvement absolu peut être nul, son mouvement relatif aux autres objets embarqués ne l'est pas. Dans l'étude de la mécanique industrielle on ne s'occupe guère que des mouvements relatifs.

Il en est de même du repos, qui pour nous n'est jamais que *relatif*.

10. *Du mouvement uniforme.* — On distingue en général deux sortes de mouvements : le mouvement *uniforme* et le mouvement *varié*. On nomme *mouvement uniforme* celui dans lequel le corps parcourt des espaces égaux dans des temps égaux. On peut le représenter graphiquement en portant des temps égaux sur une ligne

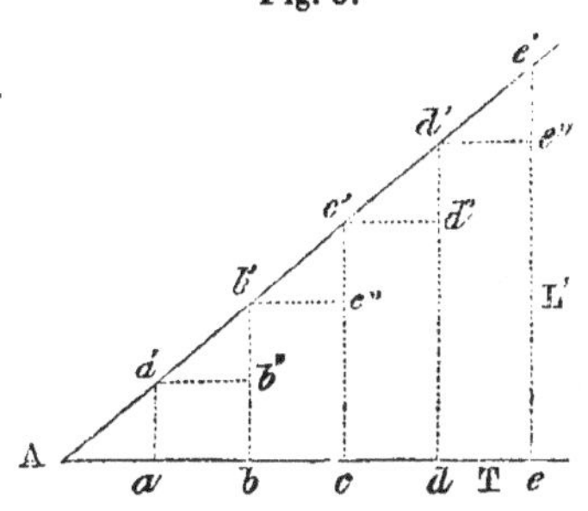

Fig. 5.

d'abscisses, et élevant aux points de division des perpendiculaires égales aux chemins parcourus. Puisque les espaces parcourus dans les temps Aa, ab, bc, sont égaux, tous les triangles A$a'a''$, $a'b''b'$, $b'c''c'$, etc., sont égaux entre eux et semblables au triangle total ; donc tous les points A′, a', b', c', sont en ligne droite. Ainsi la loi ou la relation qui lie les espaces et les temps dans le mouvement uniforme est représentée par une ligne droite telle, que le rapport d'une ordonnée, ou d'un espace quelconque E, à l'abscisse, ou au temps correspondant T, est constant. C'est ce rapport constant $\frac{E}{T}$, indépendant de la grandeur absolue de E et de T, que l'on nomme la vitesse V du mouvement uniforme ; on a donc par définition

$$\frac{E}{T} = V;$$

et, si l'on prend la seconde pour unité de temps, on a

$$T = 1'', \ V = E;$$

la vitesse est alors l'espace parcouru en $1''$.

Ainsi, quand on dit qu'un corps est animé d'une vitesse uniforme de 2^m, de 10^m, etc., cela veut dire qu'il parcourt 2^m, 10^m, dans chaque seconde de son mouvement. On adopte quelquefois d'autres unités de temps et d'espace pour les grandes vitesses : ainsi l'on dit qu'un convoi de chemin de fer parcourt 20, 30 kilomètres à l'heure.

Ce que l'on vient de dire et ce qui suivra s'applique aux mouvements rectilignes et curvilignes ; mais, pour les mouvements de rotation, on estime quelquefois la vitesse par le nombre de tours en $1''$, ce qui revient au même quand le diamètre du cercle décrit est connu.

11. *Mouvement varié. — Mouvement accéléré. —*

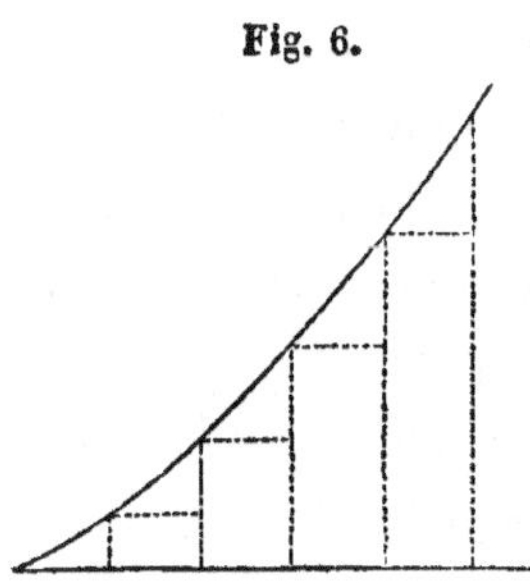

Fig. 6.

Lorsque les espaces parcourus dans des temps égaux vont sans cesse en croissant, on dit que le mouvement est *accéléré*. Il est alors évident que, le rapport des ordonnées aux abscisses allant toujours croissant, la loi du mouvement est représentée par une ligne courbe convexe vers la ligne des abscisses.

12. *Mouvement retardé.* — Lorsqu'au contraire les espaces parcourus dans des temps égaux vont sans cesse en diminuant, le mouvement est dit *retardé*.

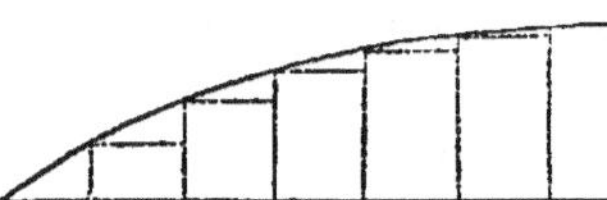

Fig. 7.

Il est clair qu'alors le rapport des ordonnées aux abscisses allant sans cesse en diminuant, la courbe qui représente la loi du mouvement présente sa concavité vers l'axe des abscisses.

13. *Mouvement périodique.* — Le mouvement des machines n'est presque jamais uniforme, quoique dans des temps égaux de quelque durée les chemins totaux parcourus ou les nombres de tours exécutés soient

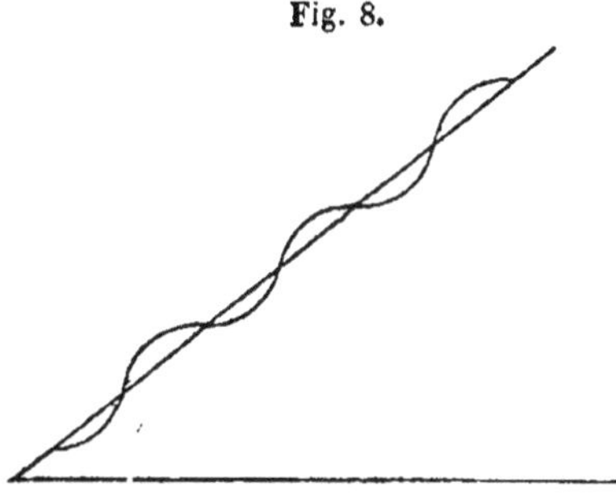

Fig. 8.

ou puissent être égaux. Il y a, ou il peut y avoir, dans un même espace, ou dans un même tour, des accélérations et des retards périodiques dans le mouvement, qui se compensent après certains intervalles. La ligne qui représente la loi du mouvement est alors une courbe ondulée présentant tantôt sa convexité, tantôt sa concavité, à la ligne des abscisses.

Quand la périodicité est bien établie et que des intervalles donnés égaux ou des nombres de tours égaux sont parcourus dans des temps égaux, ce mouvement varié peut être remplacé par un *mouvement moyen*, supposé uniforme et tel, que les espaces totaux ou les nombres de tours observés soient parcourus dans le même temps. La vitesse de ce mouvement moyen est ce qu'on nomme *la vitesse moyenne* du mouvement périodique.

C'est ainsi que l'on remplace le mouvement varié des pistons par un mouvement moyen, dont on prend la vitesse uniforme, égale au quotient de la longueur d'une course par sa durée. On opère de même pour les mouvements de rotation ; mais il ne faut pas oublier qu'en réalité la vitesse est variable, et qu'il en peut et doit résulter des conséquences dont il importe de tenir compte.

14. *Vitesse dans le mouvement varié.* — Une des propriétés fondamentales de la matière, sur laquelle nous reviendrons plus tard, mais qui est un axiome admis par tous les géomètres et vérifié par l'expérience, c'est qu'un corps ne peut par lui-même changer son état de mouvement et qu'il tend à persévérer dans le mouvement qu'il possède tant qu'une cause étrangère n'agit pas pour l'en faire changer. D'après cela, le mouvement d'un corps ne peut s'accélérer ou se retarder que par une cause extérieure. Si donc à un instant quelconque du mouvement la cause qui accélère ou retarde le mouvement cessait son action , le rapport de l'espace parcouru au temps, au lieu d'être variable, deviendrait constant, et le mouvement uniforme avec une vitesse constante égale à la valeur du rapport. Cette vitesse constante que conserverait le corps si, à l'instant où on le considère, son mouvement cessait de varier, est ce que l'on nomme *la vitesse dans le mouvement varié.*

Puisqu'à partir de l'instant où la cause d'accélération ou de retard cesse d'agir le mouvement devient uniforme, le rapport des espaces parcourus aux temps devient aussi constant, et la courbe qui représentait la loi du mouvement dégénère en une droite, qui est la tangente au point correspondant.

Dans le mouvement uniforme, la vitesse étant le rapport des espaces parcourus au temps correspondant, ou celui des ordonnées aux abscisses, cette vitesse est donnée par la tangente de l'angle d'inclinaison de la ligne qui représente cette loi du mouvement sur l'axe des abscisses. Et comme la loi du mouvement uniforme qui succéderait au mouvement varié est donnée par la tangente à la courbe au point où le mouvement cesse de varier, il s'ensuit que l'inclinaison des tangentes à la courbe qui représente la loi du mouvement donnera la vitesse à un instant quelconque.

L'observation et l'étude des lois du mouvement sont donc un moyen de découvrir les lois des causes qui produisent ces mouvements, et nous en verrons plusieurs exemples par la suite.

IIe LEÇON.

DES FORCES.

15. *Inertie de la matière.* — « Tout corps persévère
» dans l'état de repos ou de mouvement uniforme en
» ligne droite dans lequel il se trouve, à moins que
» quelque cause étrangère n'agisse sur lui et ne le con-
» traigne à changer d'état. » (NEWTON, 1re *loi du mouvement.*) De cette loi fondamentale il résulte, comme
nous l'avons déjà vu, que, dans le mouvement varié,
si la cause qui produit la variation cesse son action, le
mouvement devient uniforme ; et que, dans le mouvement curviligne, si la cause qui oblige le corps à changer à chaque instant de direction cesse d'agir, le mouvement se continue dans la direction du dernier élément
curviligne décrit, et par conséquent suivant la tangente.

16. *Définition des forces.* — Ces causes étrangères
qui produisent, modifient, ou tendent à produire ou à
modifier le mouvement, sont ce qu'on nomme *des forces.*
Telles sont : l'attraction, la pesanteur, l'action des ani-
maux, de l'eau, de l'air, de la vapeur, la résistance de
l'air, le frottement, etc.

Puisque une action extérieure est toujours nécessaire
pour changer l'état de mouvement d'un corps, cela tient
donc à ce que le corps oppose une certaine résistance
à ce changement, et développe alors une certaine force
provenant de son inertie. Voici comment Newton l'a
définie : « La force qui réside dans la matière (*vis insita*)
» est le pouvoir qu'elle a de résister. Le corps exerce

» cette force toutes les fois qu'il s'agit de changer son
» état actuel de mouvement, et on peut alors la considé-
» rer sous deux différents aspects : ou comme *résistante*,
» en tant que le corps s'oppose à la force qui tend à lui
» faire changer d'état ; ou comme *impulsive*, en tant que
» le même corps fait effort pour changer l'état de l'obsta-
» cle qui lui résiste. Ainsi on peut donner à la force qui
» réside dans les corps le nom très expressif de *force
» d'inertie.* » (NEWTON, *Principes,* etc., vol. 1, p. 2.)

On peut rendre évident par des exemples que l'*iner-*

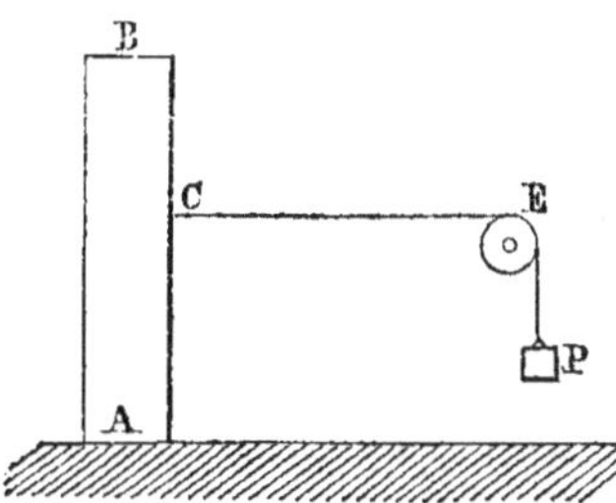

Fig. 9.

tie est une force dont l'action se manifeste dans
tous les changements de
mouvement. Ainsi sup-
posez un corps AB posé
sur un plan AD, et déter-
minez par expérience le
poids P qu'il faut suspen-
dre à l'extrémité d'un fil CE attaché en un point C et
passant sur une poulie de renvoi pour renverser ce
corps AB ; il est clair que toute cause qui produira le ren-
versement du corps, supposé symétrique, soit en avant,
soit en arrière, équivaudra au poids P, et sera une force.

Or, si l'on fait marcher le plan AD d'un mouvement
accéléré, on observera que, si l'accélération se fait avec
une certaine rapidité, le corps AB se renversera en sens
contraire du mouvement. Son inertie aura donc agi dans
ce cas comme une résistance à l'accélération avec une
intensité égale ou supérieure au poids P. — Si au contraire le mouvement, parvenu à une vitesse notable,
uniforme ou accélérée, est retardé brusquement, le

corps se renverse dans le sens du mouvement. L'inertie du corps a donc encore agi comme une puissance
qui s'opposait au changement du mouvement avec une
intensité égale ou supérieure au poids P. L'inertie ayant
dans l'un et l'autre cas produit le même effet que la force, le poids P, on est donc autorisé à la regarder aussi
comme une force.

C'est encore la résistance que l'inertie de la masse
d'une voiture oppose à la communication rapide de
l'accélération du mouvement que les chevaux tendent à
lui communiquer qui fait casser les traits, les palonniers, etc. C'est la même cause qui fait verser une
voiture lorsque, animée d'un mouvement rapide, elle
éprouve en tournant un ralentissement brusque. C'est
elle qui projette dans l'espace les voyageurs placés sur
l'impériale d'un convoi de wagons arrêté dans sa marche ; qui fait rompre les cordages à l'aide desquels on
veut retenir quelquefois trop rapidement des bateaux
emportés par un courant, les ancres ou les câbles en fer
des bâtiments auxquels les flots et les vents ont communiqué une grande vitesse, les boulets qui pénètrent
dans les maçonneries, les terres, les sables, bien moins
durs que la fonte, les dents des engrenages, quand on
embraie brusquement des machines pesantes, comme
des canons à forer, des meules de moulins à poudre, etc., etc.

On ne saurait trop engager les élèves à rechercher
par eux-mêmes des exemples de ces effets de l'inertie
comme force motrice ou résistante, pour se bien pénétrer
de son existence et de son influence dans les mouvements variés.

17. *Mode d'action des forces.* — Les forces agissent toujours graduellement d'une manière constante ou variable, mais toujours continue ou progressive, pendant des temps finis. Cette action se manifeste tantôt par degrés insensibles et avec lenteur, tantôt avec rapidité, mais jamais dans des temps nuls. Si les phénomènes s'accomplissent parfois dans des intervalles de temps inappréciables à nos sens et à nos moyens d'observation, cela tient uniquement à l'imperfection de ceux-ci; et, ce qui le prouve, c'est que plus on rend ces moyens sensibles, et mieux on peut apprécier la durée de phénomènes qu'on regardait auparavant comme instantanés.

Tous les corps étant plus ou moins compressibles, flexibles, mous ou élastiques, ils se déforment dans leur réaction réciproque en exerçant les uns contre les autres des efforts qui varient d'un instant à l'autre, et ces déformations, ces flexions finies, ne peuvent s'accomplir que dans des temps finis. Dans les phénomènes si rapides de transmission du mouvement par le choc, les efforts développés et les vitesses transmises ou perdues ne le sont que graduellement et avec continuité. Il est facile de montrer des exemples de ce que nous venons de dire dans le choc des projectiles, le jeu de paume, le jeu de ballon, etc.

C'est donc faire abstraction d'une manière trop grave des effets naturels et partir d'une hypothèse trop contraire aux faits que de supposer, comme on se le permet quelquefois, que des chocs, des transmissions de mouvement aient lieu, instantanément. Il en résulte toujours des notions et parfois des conséquences tout à fait fausses, et il importe au contraire de ne pas perdre de vue que toutes les forces qui agissent dans la nature sont analogues et comparables à des tensions, à des pressions, qui agissent graduellement et avec continuité.

18. *Mesure des forces.* — Pour parvenir à la mesure des forces nous admettrons comme un axiome que *deux forces sont égales quand, substituées l'une à l'autre, elles produisent le même effet dans les mêmes circonstances ou en détruisent une troisième qui leur est directement opposée.*

Cela posé, si nous prenons un ressort, un peson, un dynamomètre, dont les flexions sous l'action de poids connus aient été mesurées et observées sur une étendue suffisante, et si nous soumettons ensuite ce peson à l'action d'une force quelconque, lorsque cette force aura produit dans le ressort une flexion égale à celle qui était due à un certain poids, il est clair que, si dans les deux cas le ressort a conservé son élasticité, la force et le poids ayant produit le même effet, surmonté la même résistance à la flexion, ces deux forces seront égales. Le poids pourra donc servir de mesure à la force.

Ce que l'on vient de dire pour le cas très simple où il s'agissait seulement de mesurer la force, l'effort développé par des moteurs animés ou inanimés exerçant des efforts de traction, tels que des chevaux, des locomotives, des remorqueurs, peut aussi se réaliser dans la pratique par des moyens simples, que nous ferons connaître plus tard.

Nous admettrons donc à l'avenir que *toutes les forces qui agissent dans les machines sont comparables à des poids.*

19. *Unité de mesure des forces.* — Les forces étant comparables à des poids, nous adopterons l'unité de poids pour unité de mesure des forces, et nous les exprimerons en kilogrammes, ce qui signifiera simplement pour nous qu'elles produisent dans les mêmes circonstances le même effet que le nombre correspondant de kilogrammes agissant de la même manière.

20. *Dénominations diverses des forces.* — On distingue quelquefois les forces par différents noms selon les circonstances dans lesquelles elles agissent. Ainsi on nomme forces *motrices* ou *mouvantes* celles qui produisent le mouvement ou l'entretiennent, *forces résistantes* celles qui tendent à l'empêcher ou à le retarder, *forces accélératrices* ou *retardatrices* celles qui l'accélèrent ou le retardent, forces *attractives* ou *répulsives* celles qui sont relatives aux attractions ou répulsions. Enfin on emploie les mots de *puissances* et *résistances* pour distinguer les forces qui favorisent le mouvement et celles qui s'y opposent.

21. *Principe de l'action égale et contraire à la réaction.* — Lorsque deux corps se pressent, se tirent ou se choquent, il se développe aux points de contact, de la part de l'un, des efforts de compression ou d'extension, et de celle de l'autre des efforts de répulsion, de résistance, opposés et égaux. Les molécules comprimées, les ressorts moléculaires fléchis ou tendus, réagissent avec une force précisément égale et contraire à celle qui les comprime, les fléchit ou les tend. Il en est de même dans les actions attractives ou répulsives qui s'exercent à distance, de sorte que les corps ou les molécules qui les composent s'attirent ou se repoussent avec des énergies précisément égales et contraires. Ces effets réciproques constituent l'un des principes fondamentaux ou axiomes de la mécanique, que l'on énonce en disant avec Newton, qui l'a exprimé le premier, que *l'action est toujours égale et contraire à la réaction*, c'est-à-dire que *les actions de deux corps l'un sur l'autre sont toujours égales et dans des directions contraires.*(3ᵉ Loi.)

22. *Observation sur cette loi.* — (Cas de deux hommes tirant aux extrémités d'une même corde.— Pénétration des projectiles, réaction du milieu pénétré.)

23. *Mode d'action des forces.* — L'action d'une force sur un corps ne se transmet que de proche en proche du point où elle est immédiatement appliquée à l'intérieur, par une succession de flexions des ressorts moléculaires ; il faut donc un certain temps pour que cette transmission s'opère. Lorsque la force devient constante, il se produit un état d'équilibre entre elle et les ressorts qu'elle fléchit, et, à partir de cet instant, si l'équilibre subsiste, on peut regarder les corps comme *rigides* et *inextensibles.* Or, dans les machines, on emploie toujours des corps assez peu flexibles et proportionnés de telle sorte que les efforts auxquels ils sont soumis les fléchissent assez peu pour qu'on puisse négliger les effets des flexions, qui ne se produisent en général d'une manière sensible qu'au commencement de l'action ou du mouvement ; et dans tous les cas semblables on peut regarder les corps comme rigides et *les efforts comme transmis dans leur* *direction propre en un point quelconque de cette direction.*

Mais quand il y a des chocs, des efforts variables, donnant lieu à des compressions fréquemment répétées, nous verrons qu'il en résulte des pertes d'effet dont il faut tenir compte.

24. *Effet et travail des forces.* — Il résulte de ce qui précède qu'à partir du moment où une force commence à agir, elle produit dans le sens de son action des flexions et des compressions ; et que son point immédiat d'application cède, marche, se déplace, dans le sens de cette action, jusqu'à ce que, la résistance des ressorts moléculaires étant égale à l'action qui tend à les fléchir, ce déplacement relatif cesse. Alors, si le corps est retenu par des obstacles ou par des résistances supérieures, l'action de la force est annulée ; son effet est nul, en ce sens qu'il n'y a pas de mouvement produit. Tel est le cas d'un support, d'une colonne, d'un homme supportant en place un fardeau, d'une cariatide, des chevaux qui ne peuvent faire marcher une voiture embourbée, d'un laminoir trop serré qui ne peut vaincre la résistance du fer, etc.

Pour que les forces produisent un effet mécanique, industriel, un travail utile, il faut donc qu'elles fassent parcourir à leur point d'application un certain chemin dans leur direction propre. Ainsi la condition fondamentale du travail mécanique ou industriel des forces, c'est qu'il y ait à la fois effort exercé, et chemin parcouru en vertu de cet effort.

25. *Mesure du travail d'une force constante, quand le*

chemin parcouru par son point d'application l'est dans sa direction propre. — Il est alors évident que l'effet, le travail produit par la force, est proportionnel : 1° à l'intensité de son effort, 2° au chemin parcouru, et par conséquent au produit de ces deux facteurs. Ainsi, dans l'élévation des fardeaux, l'extraction des minerais; le tirage des voitures, des charrues; le halage des bateaux, et l'épuisement des eaux, il est évident que pour un même poids, un même effort, l'effet est double si le chemin parcouru est double; et que pour un même chemin l'effet est double, triple, si la résistance est double ou triple.

Les efforts étant comparables et comparés à des poids dont l'action produirait le même effet, et les chemins parcourus étant exprimés en mètres, on voit que le travail d'une force constante sera représenté par le produit de son intensité exprimée en unité de poids ou en kilogrammes par le chemin parcouru dans sa direction propre exprimée en unité de longueur ou en mètres. Or, si l'on prend pour unité de travail celui qui correspond à un kilogramme élevé à 1^m, le travail d'une force F, qui aura fait parcourir à son point d'application un chemin E, sera exprimé par F.E kilogrammes élevés à 1^m, ce que l'on désigne par l'indice *k. m.* écrit à droite et un peu au dessus du produit F.E.

Représentation de ce travail par la surface d'un rectangle. — Si l'on prend le chemin parcouru E pour la base d'un rectangle dont la hauteur serait à une certaine échelle l'effort F, il est évident que le produit F.E sera la mesure de la surface de ce rectangle, ou que réciproquement cette surface pourra être prise pour représenter le travail F.E.

26. *Mesure du travail d'une force variable.* — Lors-

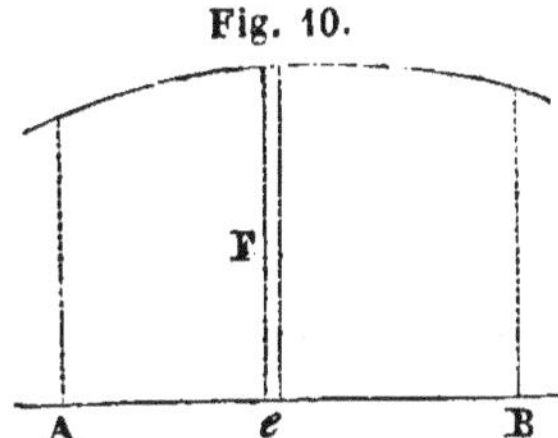

Fig. 10.

que la force varie, on peut encore appliquer le même mode de mesure à chacun des espaces élémentaires infiniment petits parcourus, et pendant lesquels il est permis de considérer la force comme constante. Le travail correspondant à chacun de ces espaces élémentaires est donc représenté encore par le produit F.*e*.

Si l'on porte sur une ligne droite AB prise pour axe des abscisses les chemins parcourus, et qu'en chaque point de division on élève une perpendiculaire représentant à une certaine échelle l'effort exercé, on aura ainsi une surface courbe limitée par la ligne des abscisses, par les ordonnées extrêmes et par la courbe qui passe par les extrémités de toutes les ordonnées. Et si l'on considère le petit trapèze élémentaire correspondant à un effort quelconque F et à un élément de chemin *e*, il est clair que la surface de ce petit trapèze sera F.*e*, et qu'elle représentera le travail élémentaire correspondant au petit chemin *e*.

Le travail total pour un chemin E se composant de la somme de toutes les quantités de travail élémentaires F*e*, il est évident qu'il sera représenté par la surface totale limitée par la courbe. Il ne s'agira donc que de trouver cette surface ou la somme de tous les produits élémentaires F.*e*. Le calcul donne dans certains cas le moyen de l'obtenir directement ; mais dans beaucoup d'autres, et pour la pratique, il est plus commode d'employer les méthodes de quadrature, et en particulier celle de Simpson, que l'on a exposée dans la 1re leçon.

Il est d'ailleurs tout à fait indispensable de recourir à ces méthodes quand on veut estimer le travail transmis par les moteurs animés, et par beaucoup de machines, dans lesquelles l'effort transmis varie sans cesse, suivant des lois impossibles à trouver.

27. *Application au travail développé par les chevaux, dans le halage d'un bateau poste sur le canal de l'Ourcq.* — A l'aide d'instruments, que nous décrirons dans l'une des prochaines leçons, on a obtenu une courbe expérimentale

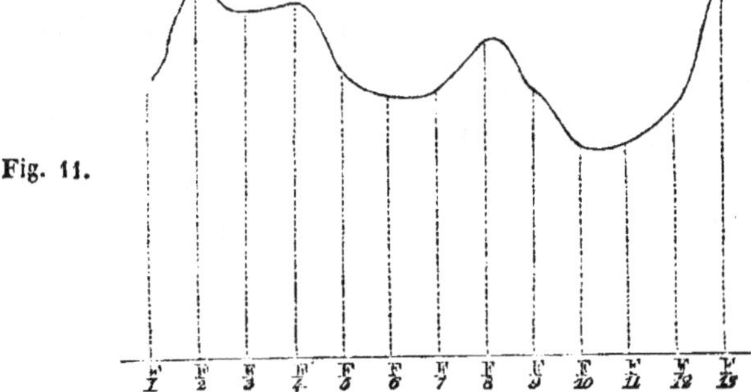

Fig. 11.

ou relation graphique entre les espaces parcourus et les efforts exercés. Il serait impossible par aucune méthode de calcul direct d'obtenir la relation qui lie les efforts aux chemins parcourus pour en déduire le travail, mais la quadrature nous en fournira les moyens. Opérant, par exemple, sur un espace de 48 mètres de longueur, que l'on partage en 12 parties égales, on trouve pour les ordonnées F_1, F_2.. ., F_{12}, F_{13}, les valeurs suivantes, d'après l'échelle des flexions du ressort.

$$
\begin{aligned}
&F_1 = \overset{\text{kil.}}{87} \quad F_2 = \overset{\text{kil.}}{124.7} \qquad F_3 = 117.0 \quad \frac{E}{12} = \frac{48}{12} = 4^{\text{m}}\\
&F_{13} = 128.5 \quad F_4 = 121.0 \qquad F_5 = 98.3\\
&\qquad \overline{215.5} \; F_6 = 90.7 \qquad F_7 = 94.5\\
&\qquad\qquad F_8 = 109.5 \qquad F_9 = 94.5\\
&\qquad\qquad F_{10} = 71.8 \qquad F_{11} = \underline{71.8}\\
&\qquad\qquad F_{12} = \underline{85.0} \qquad\quad \overline{476.1} \times 2 = 952.2\\
&\qquad\qquad\quad \overline{602.7} \times 4 = 2\,410.8
\end{aligned}
$$

Le travail total pour cet espace est donc :

$$\frac{1}{3} \times 4\,[215.5 + 2410.8 + 952.2] = 4\,771^{\text{km}}.33.$$

Cette expérience est relative à un cas où le bateau pesait avec son chargement 7 147 kil., et marchait à la vitesse de $4^{\text{m}}.71$ en $1''$, ou 16 kilom. 956 à l'heure.

28. *Machine à vapeur à Indret.* — Le diamètre du

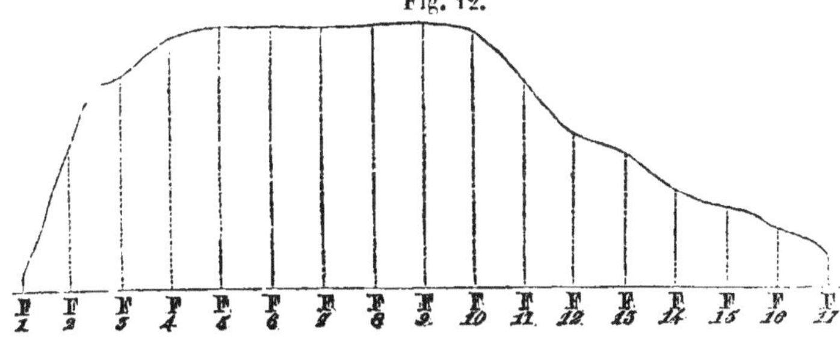

piston étant de $0^{\text{m}}.36$,

$$\text{sa surface} = \frac{\overline{36}^2}{1.273} = 1020 \text{ centimètres quarrés.}$$

La course totale est de $0^{\text{m}}.92$. En la partageant en 16 parties égales on a

$$\frac{1}{3}\,\frac{E}{16} = 0^{\text{m}}.01\,917.$$

Le relèvement de la courbe des pressions fournie par l'indicateur donne les résultats suivants pour les pressions sur chaque centimètre quarré de la surface du piston.

$$
\begin{aligned}
&\overset{\text{kil.}}{} &&&&&&&&\overset{\text{kil.}}{}\\
F_1 &= 0.193 & F_2 &= 1.102 & F_3 &= 1.585 & F_1 + F_{17} &= \;\;0.400\\
F_{17} &= \underline{0.207} & F_4 &= 1.930 & F_5 &= 1.965 & 4\,(F_2\ldots + F_{16}) &= 45.048\\
&\;\;0.400 & F_6 &= 1.985 & F_7 &= 1.985 & 2\,(F_3\ldots + F_{15}) &= \underline{21.820}\\
& & F_8 &= 1.985 & F_9 &= 1.985 & & \;\;67.268\\
& & F_{10} &= 1.930 & F_{11} &= 1.723 & &\\
& & F_{12} &= 1.138 & F_{13} &= 1.033 & &\\
& & F_{14} &= 0.724 & F_{15} &= \underline{0.634} & &\\
& & F_{16} &= \underline{0.468} & 10.910 \times 2 &= 21.820 & &\\
& & 11.262 &\times 4 = 45.048 & & &
\end{aligned}
$$

Et pour le travail développé par la vapeur dans une course

$$0^{\mathrm{m}}.01\,917 \times 1\,020^{\mathrm{cq}} \times 67^{\mathrm{k}}.268 = 1\,315^{\mathrm{km}}.318.$$

IIIᵉ LEÇON.

29. *Effort moyen d'une force variable.* — Il est souvent utile ou même nécessaire de connaître l'effort moyen d'une force variable, c'est-à-dire l'effort constant qui produirait le même travail en faisant parcourir le même chemin à son point d'application. D'après cette définition et ce que l'on a dit précédemment, si l'on nomme T le

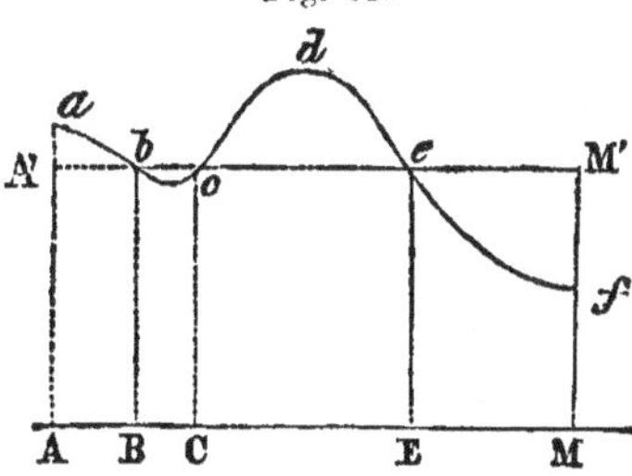

travail développé par l'effort variable et E le chemin total parcouru par le point d'application, on aura $T = F.E$; d'où

$$F = \frac{T}{E}.$$

Ainsi l'on obtiendra l'effort moyen d'une force variable en divisant le travail total par le chemin parcouru. Il résulte aussi de là que, le travail de l'effort variable étant représenté (fig. 13) par l'aire A*abcdef*M, le travail de l'effort moyen constant correspondant sera représenté par la surface du rectangle AA'M'M de même aire que la courbe.

Il est bon de remarquer dès à présent que les points *b, c* et *e*, où la courbe des efforts variables coupe la ligne A'M' de l'effort moyen constant, correspondent à des positions où ces deux efforts, ainsi que le travail élémentaire qu'ils développent, sont égaux. De plus les aires A'*ab* et *cde* au dessus de la droite A'M' représentent l'excès du travail de l'effort variable sur celui de l'effort constant pendant que le corps parcourt les distances AB et CE, tandis que les aires comprises entre la courbe et le dessous de A'M' représentent les excès du travail de l'effort constant sur celui de l'effort variable. La somme des premiers excès doit d'ailleurs évidemment être égale à la somme des seconds.

Observations sur le mode de calcul suivi par les praticiens anglais. — Quelques auteurs, et particulièrement des ingénieurs praticiens anglais, prennent souvent dans le calcul de l'effet des machines à vapeur la moyenne arithmétique entre les efforts ou pressions extrêmes pour l'effort moyen, et la multiplient par le chemin parcouru. Or, si, par exemple, il s'agit du travail développé par la vapeur pendant sa détente, la courbe qui donnerait l'effort correspondant à chaque course du piston serait, comme on le verra et comme l'indique la figure, convexe vers la ligne des abscisses; et, en prenant la moyenne arithmétique entre les ordonnées extrêmes, puis la multipliant par *ac*, on aurait l'aire du trapèze *abdc*, bien supérieure à celle de la courbe.

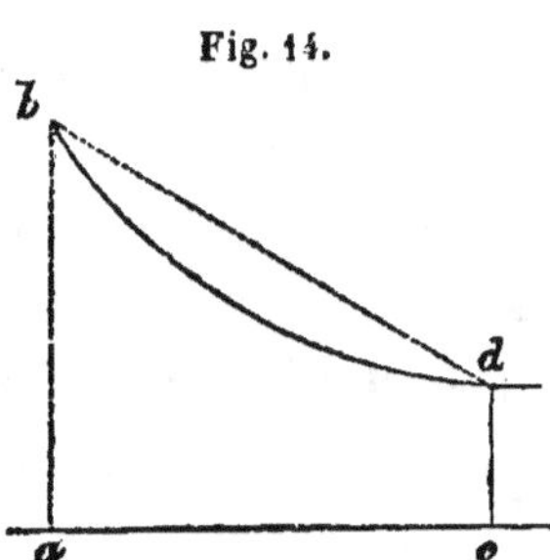

Cas où l'on peut prendre la moyenne arithmétique d'un certain nombre de valeurs variables pour celle de l'effort moyen. — Mais quand les valeurs de l'effort oscillent périodiquement autour d'une certaine valeur ou entre certaines limites, qu'elles sont en très grand nombre et prises d'une manière indépendante de la périodicité plus ou moins régulière de leurs oscillations, on peut, avec une exactitude suffisante pour la pratique ordinaire, prendre la moyenne arithmétique d'un grand nombre de ces valeurs pour l'effort moyen. C'est en particulier ce qui arrive dans les expériences sur l'action des moteurs animés, sur l'effort transmis aux machines diverses de fabrication, ainsi qu'on en verra des exemples.

30. *Applications.* — On a vu que, dans une expérience citée à la précédente leçon, le travail développé par les trois chevaux attelés à un bateau poste était de $4\,770^{k}.33$ pour un espace de 48^{m}. L'effort moyen qui aurait produit le même travail serait

$$\frac{4\,771^{km}.33}{48^{m}} = 9^{k}.38,$$

ou par chaque cheval

$$\frac{99^{k}.38}{3} = 33^{k}.13.$$

De même, dans l'exemple relatif au travail développé sur le piston de la machine de l'atelier d'ajustage d'Indret, on a trouvé pour une course de $0^{m}.92$ un travail total de $1\,315^{km}.29$. L'effort moyen correspondant serait

$$\frac{1\,315^{km}.318}{0^{m}.92} = 1\,429^{k}.6.$$

La surface totale du piston étant de $1\,020$ cent. quarrés, cet effort moyen correspond à une pression de

$$\frac{1\,429\,.6}{1\,020} = 1^{k}.402$$

par centimètre quarré.

51. *La notion du travail est indépendante du temps.* — On voit par ce qui précède que la mesure du travail ne suppose qu'un effort exercé et un chemin parcouru dans la direction propre de cet effort. Elle est donc par elle-même indépendante du temps. Ainsi, par exemple, dans l'élévation des fardeaux ce n'est pas par la durée du travail que l'on règle les prix, mais par le produit de la charge et de la hauteur d'élévation.

Cependant, lorsque le travail est long-temps et périodiquement répété de la même manière, il est clair que, quand on a sa mesure pendant un certain temps, elle suffit pour déterminer celle qui est relative à une autre durée. C'est ainsi que, dans la marche périodique des machines à vapeur, des roues hydrauliques, des moteurs animés, on rapporte le travail à l'unité de temps, que l'on prend ordinairement égale soit à 1 jour, à 1 heure, à 1 minute ou à 1 seconde. Cette dernière unité est celle que nous emploierons le plus souvent.

Pour les *moteurs animés,* dont le travail a une durée limitée par la fatigue et la nécessité du repos, il faut joindre à l'estimation du travail en $1''$ l'indication de la durée totale de ce travail, car elle influe beaucoup sur le travail dans chaque unité de temps. Ainsi un fort cheval de roulage peut travailler 8 à 10 heures par jour en développant au pas à la vitesse de $1^m.00$ en $1''$ une quantité de travail de 60 à 65 kil. m., tandis que les chevaux employés au halage du bateau-poste qui, dans le cas que nous avons calculé, développaient un effort moyen de $33^k.13$ en parcourant $4^m.71$ en $1''$, ce qui correspond à à un travail de $33^k.13 \times 4^m.71 = 156^{km}.04$, ne peuvent travailler que 2 heures au plus par jour en quatre reprises, se reposent un jour sur quatre, et succombent rapidement à ce service pénible.

32. *Dénominations diverses du travail mécanique.* — L'effet mécanique des forces que nous mesurons par le produit de l'effort et du chemin parcouru dans sa direction propre a reçu différents noms qu'il est utile de connaître.

Sméaton, ingénieur anglais, auquel on doit d'utiles expériences sur les roues hydrauliques et sur les moulins à vent, le nommait *puissance mécanique;* Carnot, *moment d'activité;* Monge et Hachette, *effet dynamique;* Coulomb et M. Navier, *quantité d'action;* MM. Coriolis et Poncelet, *quantité de travail.* — C'est cette dernière expression que nous adopterons comme la mieux appropriée au point de vue industriel sous lequel nous considérons la mécanique.

33. *Unité de travail mécanique.* — Quant à la valeur de l'unité de travail, nous avons dit que nous adopterions le kilogramme élevé à 1^m. Quelques auteurs ont proposé pour unité du travail l'élévation de $1\,000^k$, ou d'une tonne à 1^m de hauteur, et lui ont donné le nom de *dyname* ou *dynamode.*

Une autre unité qui, malgré sa dénomination vicieuse, est passée en usage, c'est celle qu'on appelle la *force de cheval.* Cette expression, introduite par Watt, alors que la machine à vapeur se substituait successivement aux manéges, exprime en mesures anglaises un travail équivalent à $33\,000$ liv. avoir-du-poids élevées à 1 p. anglais en 1'; en la réduisant en mesures françaises, on trouve $33\,000$ liv. $\times 0.4534 = 14\,962^{k}$

1 p. anglais $= 0^{m}.305$, ce qui donne pour la seconde de temps

$$\frac{14\,962^{km} \times 0^{m}.305}{60''} = 76^{km}.04 \text{ en } 1''.$$

La valeur généralement adoptée en France est de 75^{km} en $1''$.

Quoique cette estimation de la force de cheval soit aujourd'hui en quelque sorte une unité de convention, elle n'a pas de valeur légale, et il serait fort à désirer qu'une mesure législative lui donnât ce caractère, car c'est *la monnaie du travail industriel*. Il est sans doute inutile de dire que cette expression n'a pas de rapport direct avec le travail réellement développé par les chevaux attelés à des manéges, lequel ne s'élève guère en moyenne qu'à 40 ou 45^{km} en $1''$.

Ex. Dans l'expérience relative à la machine à vapeur d'Indret, où nous avons trouvé le travail développé par la vapeur dans une course du piston égal à $1\,315^{km}.318$, il y avait 28 coups doubles en $1'$, et le travail par seconde était

$$\frac{1\,315^{km}.318 \times 56}{60} = 1\,127^{km}.6,$$

et la force en chevaux de

$$\frac{1\,227^{km}.6}{75} = 16.37 \text{ chevaux.}$$

34. *Observations sur les conditions du travail mécanique.* — Nous avons dit que le travail d'une force se mesurait par le produit de son intensité et du chemin parcouru dans sa direction propre ; mais il doit être sous-entendu que ce chemin est parcouru par l'effet même de la force. Ainsi un homme qui, dans un bateau, un convoi de chemin de fer, exercerait dans le sens du mouvement un effort sur un objet qui n'en recevrait pas de mouvement relatif, ne produirait aucun travail utile, quoique par l'effet du mouvement de transport général le corps se mût dans la direction de l'effort.

Il en est de même du cas où l'effort est perpendiculaire au chemin parcouru : alors il y a pression, effort, mais point de travail produit par l'effort. Il en résulte des déformations, des frottements, donnant lieu, comme on le verra, à des pertes de travail, mais point d'effet utile immédiat.

35. *Transport horizontal des fardeaux.* — Ce genre de travail échappe au mode de mesure que nous avons adopté, ou du moins donne lieu à des effets, à des consommations de travail qui dépendent moins du poids transporté en lui-même que du mode de transport. Ainsi le transport d'un poids de $1\,000^k$ qui se ferait par un traîneau glissant sur le sol, en donnant lieu à un frottement égal à 0.30 de la pression, exigerait par mètre parcouru un travail de $300^k \times 1^m$; par voiture des proportions ordinaires le tirage étant $\frac{1}{30}$ de la charge, il faudrait un travail de $33^k.33 \times 1^m = 33^{km}.33$; par chemin de fer à faible vitesse, la résistance n'étant que $\frac{1}{300}$ de la charge, le tirage serait

$$\frac{1\,000}{300} = 3^k.33,$$

et le travail pour 1^m égal à $3^{km}.33$.

On voit donc que le travail relatif au transport horizontal des fardeaux ne peut se mesurer, comme on le fait quelquefois, par le produit du poids transporté et du chemin parcouru, qu'autant que l'on compare les résultats relatifs à des services, à des modes de transport du même genre.

Cas où la force n'agit pas dans la direction même du chemin parcouru. — Si le chemin parcouru est Aa, tandis que la direction de la force est AF, il est clair que le chemin parcouru dans la direction même de la force sera déterminé par la perpendiculaire ab, abaissée de a sur AF, et égal à Ab. Le travail développé par la force F sera donc, d'après la définition, F $\times$ Ab.

Fig. 15.

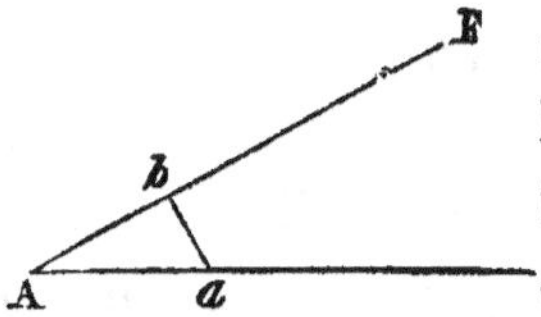

C'est d'ailleurs ce qu'il est facile de faire sentir par la considération de la figure ci-contre. Soit AB la direction de la force P sollicitant à un instant quelconque le corps qui décrit la courbe LM, sur laquelle il est supposé parvenu au point A. Si l'on conçoit que la ligne AB soit un fil inextensible et parfaitement flexible, et que l'action de la force P soit remplacée par celle d'un poids Q agissant à l'extrémité de ce fil, que l'on suppose enroulé à la circonférence d'une poulie o parfaitement mobile autour de son axe, il est clair que dans le déplacement élémentaire du corps de A en a le travail de la force P sera mesuré par le pro-

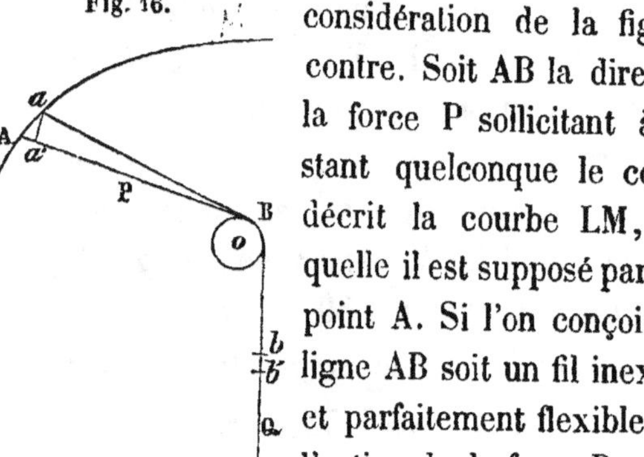

Fig. 16.

duit du poids Q multiplié par la quantité *bb'* dont il sera descendu. Or cette quantité *bb'* est égale à la différence de longueur des lignes AB et *a*B, dont le point d'intersection B peut être regardé comme le point de contact instantané des directions AB et *a*B avec la circonférence extérieure de la poulie. Mais, en enroulant la ligne *a*B sur la circonférence, son extrémité *a* décrira un arc élémentaire de développante de cercle *aa'* perpendiculaire à AB, et la longueur A*a'* mesurera précisément la différence cherchée. L'arc *aa'* se confondant à la limite de petitesse avec la perpendiculaire abaissée du point *a* sur AB, on voit en définitive que A*a'* est ce que l'on nomme en géométrie la projection du chemin réellement parcouru A*a* sur la direction de la force, et dès lors il devient évident par cette figure que le travail élémentaire de la force P est mesuré par le produit P $\times$ A*a'* de son intensité et de la projection A*a'* sur sa direction propre du chemin infiniment petit A*a* que son point d'application parcourt réellement.

En résumé, lorsque la force n'est pas dans la direction du chemin parcouru, le travail dû à son déplacement élémentaire A*a* est le produit de l'intensité de la force par la projection de ce déplacement A*a* sur sa direction. Or ce produit est ce que l'on appelle en mécanique rationnelle le *moment virtuel*, tandis que nous lui donnons le nom de *travail élémentaire*. Cette identité nous conduira à plusieurs analogies avec les résultats de la mécanique rationnelle; mais l'expression si naturelle de travail nous facilitera plus d'une démonstration qu'elle rendra pour ainsi dire évidente.

36. *Exemples. Travail de la pesanteur sur un corps qui parcourt une courbe quelconque.* — Si l'on considère le corps parvenu en A, et parcourant ensuite le petit chemin élémentaire A*a*, le travail élémentaire correspondant développé par la pesanteur dont la direction est verticale sera le produit du poids P du corps par la hauteur A*b* qu'il a parcourue dans le sens de cette force. La pesanteur étant constante pour un même lieu et des hauteurs peu différentes à la surface de la terre, le travail total développé après que le corps sera descendu de L en M sera le produit de P par la somme des projections analogues à A*b* ou par la hauteur totale de descente H, et par conséquent égal à PH. Il est donc le même, quelle que soit la courbe de descente, et ne dépend que de la différence de niveau des extrémités de cette courbe.

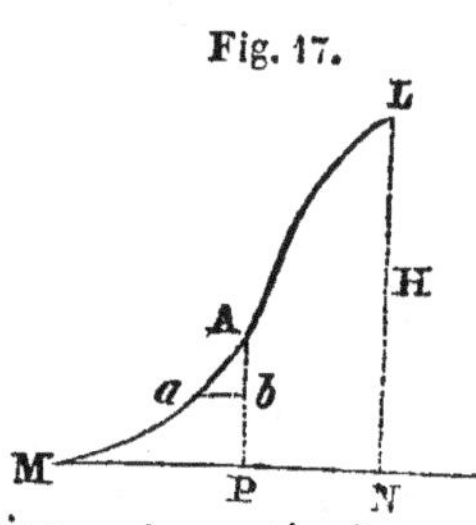
Fig. 17.

37. *Manivelle et sa bielle.* — Lorsqu'une bielle est assez longue pour que l'on puisse faire abstraction de ses obliquités, et si l'effort exercé dans sa direction est constant, il est clair que le travail total développé pendant une demi-révolution sera le produit de l'effort constant F et de la somme des projections F des arcs élémentaires A*a* sur sa direction, somme évidemment égale au diamètre 2 R. Par consé-

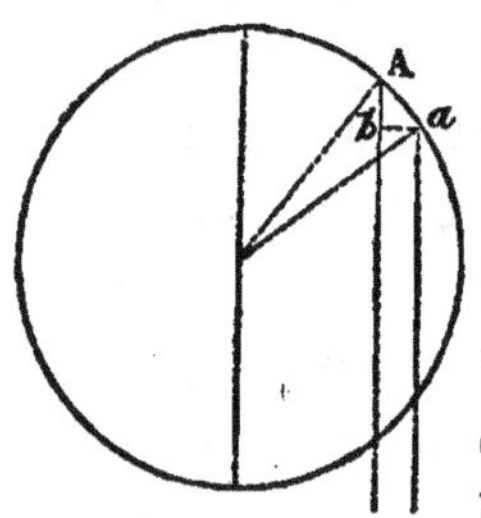
Fig. 18.

quent le travail développé dans une demi-révolution est $F \times 2R$.

38. *Observation relative au sens de l'effort par rapport à celui du chemin parcouru.* — Si le chemin parcouru est dirigé en sens contraire de la direction de l'effort F, il est clair que le corps est entraîné par une autre force par rapport à laquelle l'effort F est une résistance vaincue; on dit alors que le travail de la force F est résistant soustractif ou négatif, c'est-à-dire qu'il doit se retrancher du travail moteur dont il consomme, absorbe une partie.

Ainsi, lorsqu'un corps descend sous l'action de la pesanteur, le chemin parcouru étant décrit dans le sens même de la force, elle agit comme puissance, et son travail est positif; lorsqu'au contraire le corps monte, le chemin est parcouru en sens contraire de la force; celle-ci agit comme résistance, et le travail est négatif. Si le corps descend et monte alternativement de la même hauteur, le travail moteur développé pendant la descente est égal au travail résistant consommé pendant la montée, et le travail total est nul. Il y a ainsi production et consommation alternatives de travail dans tous les cas où des corps montent et descendent périodiquement, comme les bielles, les manivelles, les pistons, les pendules, etc.

39. *Ressorts.* — Il se produit de même une consommation de travail dans la flexion des ressorts et une restitution dans leur retour à leur forme primitive. Elle est complète si le ressort reprend dans le débandement exactement la forme qu'il avait avant. Elle est incom-

plète et il y a consommation de travail toutes les fois
que le retour à la forme primitive n'est que partiel.

40. *Dilatation et contraction.* — Il en est encore de
même lorsque par l'action de la chaleur un corps se di-
late, et les efforts énormes développés dans ce cas sont
tout à fait analogues à ceux que produisent les autres
causes. En effet on sait par l'expérience qu'entre certaines limites les corps s'allongent ou se contractent de
quantités proportionnelles aux efforts auxquels ils sont
soumis. Ainsi, par exemple, une barre de fer s'allonge
ou se contracte d'une quantité I, qui exprimée en mètres est donnée par la formule

$$I = \frac{P^k}{20\,000}$$

en appelant P la charge par millim. quarré de section,
et I l'allongement par mètre courant. Réciproquement,
quand une barre se contracte, elle exerce un effort égal
à celui qui aurait été nécessaire pour produire cette même contraction.

Si, par exemple, une barre de fer de 30 millim. de
côté à section quarrée s'allonge de $I = 0^m.0\,005$ par
mètre, l'effort capable de produire cet allongement
sera $P = 20\,000 \times 0^m.0\,005 = 10^k$ par millim. de section, ou en tout de

$$\overline{30}^2 \times 10^k = 9\,000^k.$$

Remarquant maintenant que de 0° à 100° une barre
de fer doux s'allonge de $1^{mill}.2\,205$ (Voir les traités de
physique) par mètre, il s'ensuivra que la quantité dont

il faudra élever sa température pour l'allonger de $0^{mill}.5$ par mètre sera donnée par la proportion

$$1^{mill}.2\,205 : 100° :: 0^{mill}.5 : x = \frac{50}{1.2\,205} = 40°.96,$$

soit 41°. Ainsi, en augmentant seulement la température de cette barre de 41° environ, on peut lui faire produire contre des obstacles qui s'opposeraient à son allongement un effort de 9 000 kilogrammes.

Réciproquement, si cette barre, après avoir été chauffée et tendue, se refroidit, elle exerce des efforts de traction considérables dépendant du degré de refroidissement. Dans le cas d'un refroidissement de 41°, une barre de 30 millim. quarrés exercerait un effort de contraction de 9 000 kilog.

Cette propriété importante des corps d'exercer des efforts de dilatation ou de retrait, de contraction, considérables, est souvent mise à profit dans les arts. Le cerclage des roues, des moyeux, des arbres de roues hydrauliques; celui des voûtes, et en particulier celui de la coupole de Saint-Pierre de Rome; le cerclage de la fonte, etc., en sont autant d'exemples.

Le redressement des murs du bâtiment de la bibliothèque du Conservatoire a été opéré par des moyens analogues avec le plus grand succès. Les barres employées ont 60 millim. sur 22 millim. ou 1 320 millim. quarrés de surface. On les a chauffées au moyen d'un gril suspendu, et, à mesure qu'elles se sont allongées par la chaleur, on les a tendues à l'aide de forts écrous avec rondelles en fonte. Cela fait, on les a laissés refroidir. Si, par exemple, leur température a baissé de 41° seulement, le retrait a été de $0^{mill}.0005$ par mètre, et l'effort correspondant de 10 kilog. par millim. quarré; l'effort que chaque barre pouvait exercer était de

$$1\,320 \times 10^k = 13\,200^k.$$

Quant au travail développé par cette force, il est facile de le calculer. En effet, de $0°$ à $100°$ et même au delà l'expérience prouve que les allongements sont proportionnels aux températures, de sorte que, I' représentant l'allongemeut à $100°$ et I celui qui est relatif à $T°$, on a

$$I' : 100 :: I : T;$$

d'où

$$I = \frac{I'T}{100} = \frac{0^m.0\,012\,205}{100}\,T.$$

Le travail élémentaire de l'effort P correspondant à un allongement infiniment petit i a pour valeur $P.i$; et, à cause de

$$P = I \times 20\,000 = 200 \times 0.0\,012\,205\,T$$

et de

$$i = \frac{0^m.0\,012\,205}{100}\,t,$$

cette quantité revient à $Pi = 2\,(0.0\,012\,205)^2\,Tt.$

Le travail total correspondant à une variation de température donnée sera donc la somme de toutes les quantités élémentaires de travail semblables. Or, si l'on prend sur une ligne d'abscisses des longueurs égales aux températures, et qu'en chaque point de division on élève des perpendiculaires égales aux mêmes températures, on aura une ligne à $45°$ telle que le petit trapèze élémentaire

BC*bc* représentera le produit T*t*, et la somme de tous les produits semblables depuis une valeur de T$=$AE jusqu'à une autre valeur T'$=$AF sera représentée par la surface du trapèze EGHF égale à la différence des triangles AFH et AEG. Or, la ligne AH étant inclinée à 45°, on a

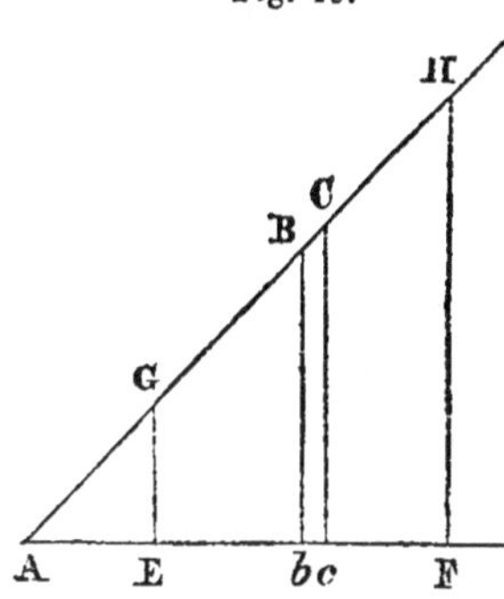

Fig. 19.

$$\mathrm{AFH} = \frac{1}{2}\,\mathrm{AF} \times \mathrm{FH} = \frac{1}{2}\,\overline{\mathrm{AF}}^2 = \frac{1}{2}\,\mathrm{T}'^2,$$

$$\mathrm{AEG} = \frac{1}{2}\,\mathrm{AE} \times \mathrm{EG} = \frac{1}{2}\,\overline{\mathrm{AE}}^2 = \frac{1}{2}\,\mathrm{T}^2,$$

on a donc pour le travail total développé par millim. carré de section pour une différence de température T'$-$T et par mètre courant

$$2 \times (0.0\,012\,205)^2 \left(\frac{\mathrm{T}'^2 - \mathrm{T}^2}{2}\right) = (0.0\,012\,205)^2\,(\mathrm{T}'^2 - \mathrm{T}^2).$$

Si T$=$20° et T'$=$61°, on a

$$\overline{0.0\,012\,205}^2(\,\overline{61}^2 - \overline{20}^2) = 0^{\mathrm{km}}.00\,496,$$

et pour les 1 320 millim. quarrés de section

$$1\,320 \times 0^{\mathrm{km}}.00\,496 = 6^{\mathrm{km}}.534.$$

Les barres ayant environ 10 mètres de longueur, le travail total de chacun d'elles est de 65^{km}.540 pour une différence de température de 41°.

41. *Limite de variations de température qu'il convient d'employer.* — Nous nous sommes borné dans les calculs précédents à cette variation de température, parce qu'elle correspond, comme on l'a vu, à un allongement ou à un raccourcissement de $0^{\text{mill}}.5$ par mètre et celui-ci à un effort d'extension ou de compression de 10 kil., qui, d'après l'observation des bonnes constructions, est une limite supérieure des efforts que le fer forgé peut supporter par millimètre quarré de section, sans que l'on craigne d'altérer son élasticité, ainsi que nous le verrons plus tard. Il importe de se renfermer de même dans les limites d'extension ou de contraction entre lesquelles l'élasticité ne s'est pas altérée.

*IV*ᵉ *LEÇON*.

DES DYNAMOMÈTRES, OU DESCRIPTION ET CONSTRUCTION DES
INSTRUMENTS PROPRES A MESURER LE TRAVAIL DÉVELOPPÉ PAR
LES MOTEURS ANIMÉS OU INANIMÉS.

42. *Conditions générales et particulières auxquelles ces instruments doivent satisfaire.* — Nous avons vu dans les précédentes leçons que le travail développé par une force constante F qui faisait parcourir à son point d'application un chemin E dans sa direction propre avait pour mesure le produit FE, et que, si l'effort F était variable, le travail total développé quand le corps avait parcouru un chemin quelconque E était la somme de toutes les quantités de travail élémentaires Fe successivement développées le long des éléments e du chemin parcouru. Dans ce dernier cas, nous avons montré comment, à l'aide du calcul ou de la méthode de quadrature de Simpson, on obtenait cette somme de produits analogues à Fe pour un chemin total donné E parcouru dans la direction de l'effort. Enfin nous avons défini l'effort moyen d'une force variable et indiqué comment on le déduisait du travail total en divisant celui-ci par le chemin total parcouru.

Les instruments destinés à mesurer le travail développé par les moteurs animés ou inanimés doivent donc fournir par leurs indications le produit de l'effort et du chemin parcouru, quelles que soient leurs variations simultanées. Telle est la condition générale à laquelle il faut chercher à satisfaire toutes les fois qu'il n'y a pas d'impossibilité, comme il s'en présente pour les bateaux.

Cela posé, voici les conditions particulières qu'il convient encore de remplir :

1° La sensibilité de l'instrument doit être proportionnée à l'intensité des efforts à mesurer et ne doit pas pouvoir s'altérer par l'usage.

2° Les indications des flexions du ressort doivent être obtenues d'une manière indépendante de l'attention, de la volonté ou des préventions de l'observateur, et par conséquent fournies par l'instrument lui-même au moyen de traces ou de résultats matériels qui subsistent après l'expérience.

3° Il faut que l'on puisse obtenir l'effort exercé en chaque point de l'espace parcouru par le point d'application de l'effort, ou dans certains cas, à chaque instant de la durée des observations.

4° Si l'expérience doit être, par sa nature, continuée long-temps, il faut que l'appareil permette de totaliser facilement la quantité d'action ou de travail dépensée par le moteur.

Pour satisfaire à la première condition, il convient d'employer des lames qui prennent des flexions proportionnelles aux efforts exercés, et qui aient la forme des solides d'égale résistance, ce qui conduit ainsi à une grande simplicité pour les relèvements, et à une grande sensibilité.

43. *Règles pour proportionner les lames de ressort.*— La théorie de la résistance des matériaux à la flexion, d'accord avec les résultats connus de l'expérience, montre que, quand une lame métallique à section rectangulaire constante est encastrée par l'une de ses extrémités, et soumise à l'autre à l'action d'un effort P, perpendiculaire à sa longueur ou à sa direction primitive, ou quand une lame élastique de même forme est posée librement sur deux appuis et soumise en son milieu à un effort P, dirigé comme nous venons de le dire, la flexion F qu'elle prend, tant qu'elle ne dépasse pas les limites de l'élasticité, est :

1° Proportionnelle à l'effort P ;

2° Proportionnelle au cube du bras de levier c de cet effort ;

3° En raison inverse de la largeur a de la lame dans le sens perpendiculaire au plan de flexion ;

4° En raison inverse du cube de l'épaisseur b de la lame à la partie encastrée pour le premier cas, et en son milieu pour le second ;

5° En raison inverse d'un nombre E constant pour chaque corps, qu'on nomme coefficient ou module d'élasticité et qui exprime en kilogrammes le poids qui serait capable d'allonger d'une quantité égale à sa longueur primitive une barre prismatique formée de cette substance ayant l'unité de surface pour section transversale, si un pareil changement dans les dimensions était possible sans que le nombre E changeât de valeur.

De plus, si le profil longitudinal de la lame présente la forme parabolique des solides d'égale résistance (voir les Leçons sur la résistance des matériaux), les flexions sont doubles de celles que prendrait sous les mêmes efforts une lame d'épaisseur uniforme sur toute la longueur, et la résistance à la rupture reste la même.

D'après cela, on a pour des ressorts d'égale résistance,

4

conformément à la théorie et à l'expérience, la relation

$$f = \frac{P.\,c^3}{E.a.\,b^3},$$

formule à l'aide de laquelle on peut calculer l'une quelconque des quantités qui y entrent, quand on connaît les autres. L'expérience de la construction d'un grand nombre de lames de ressorts m'a montré qu'en les faisant avec de l'acier d'Allemagne de bonne qualité, trempé et recuit au degré convenable, la valeur du coefficient d'élasticité à employer était

$$E = 20\,859\,000\,000 \text{ kilogrammes.}$$

44. *Rapport qu'il convient d'établir entre les diverses proportions.* — La largeur a de la lame doit être limitée à $0^m.040$ ou $0^m.050$ au plus, parce que le gauchissement produit par la trempe est d'autant plus sensible que la lame est plus large, ce qui offre des difficultés pour l'ajustage.

L'observation des ressorts que j'ai fait exécuter m'a montré que les flexions des lames restaient proportionnelles aux efforts, tant qu'elles ne dépassaient pas $\frac{1}{10}$ de leur longueur pour les plus fortes, $\frac{1}{9}$ pour les plus faibles, mesure prise depuis la partie encastrée.

D'après ces données il sera facile de calculer l'épaisseur b, qu'il conviendra de donner à une lame à sa partie encastrée, pour que sous un effort déterminé elle prenne une flexion connue. Elle est fournie par la formule

$$b^3 = \frac{P c^3}{E a f}.$$

Profil longitudinal des lames. — Cette dimension étant obtenue, on détermine la forme du profil longitudinal de la lame au moyen de la formule

$$y^2 = \frac{b^2}{c}x,$$

dans laquelle, b et c étant les quantités déjà désignées, x représenterait l'abscisse de la courbe mesurée depuis son origine B et y son ordonnée correspondante.

Fig. 20.

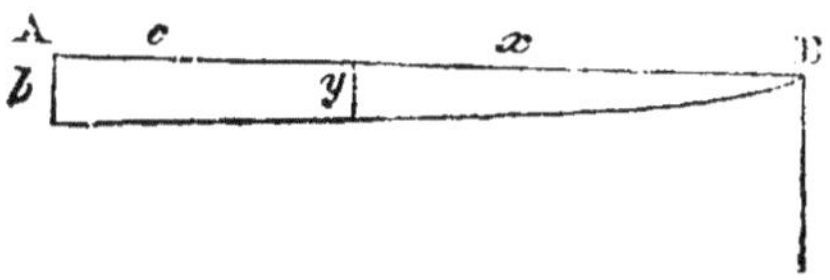

45. *Disposition des lames de ressorts* (1). — Les lames de ressorts destinés à mesurer la traction des moteurs animés, sur des voitures, des charrues, des bateaux, etc., sont disposées comme l'indique la figure. (Pl. I, fig. 1.)

Deux lames aa' et bb' exactement semblables, dont les faces intérieures sont planes, et les faces extérieures paraboliques, sont terminées à leurs extrémités par un nœud d'articulation de même largeur, percé d'un trou alésé. De petits boulons en acier traversent ces trous à frottement doux et s'engagent dans des brides ff sur lesquelles ils sont fixés par des écrous.

Une griffe postérieure c est percée d'une ouverture pour le passage de la lame qui s'y introduit dans le sens

(1) Voir pour plus de détails la description *des appareils dynamométriques*, etc. Chez L. Mathias, 15, quai Malaquais.

de sa longueur ; un épaulement d'une longueur égale à la largeur de la griffe a été ménagé au milieu de la lame et entre avec précision dans cette ouverture. Des vis de pression g à pointes coniques serrent la lame dans cet encastrement.

Une griffe antérieure d reçoit pareillement la lame aa et porte un anneau r, auquel s'accroche la volée ou la corde sur laquelle le moteur agit.

L'accouplement des lames a pour effet d'ajouter les flexions de chacune d'elles et d'augmenter la sensibilité de l'instrument.

Pour les grands efforts à mesurer, on peut réunir quatre lames dont les résistances concourent à faire équilibre à la puissance.

On évite que les lames ne puissent être forcées en fixant à la griffe postérieure c deux brides d'arrêt i réunies par deux entretoises e contre lesquelles la lame antérieure vient s'appuyer quand la tension atteint la limite supérieure que l'on a fixée.

46. *Disposition pour obtenir une trace permanente des flexions du ressort.* — La griffe antérieure porte une vis à travers laquelle peut glisser à frottement doux un tuyau de cuivre creux terminé par une douille conique, dans laquelle on adapte un pinceau sans plume. On remplit le tube d'encre de Chine délayée à la consistance convenable. Quand le pinceau est bien lavé et convenablement serré dans sa douille conique, la capillarité suffit pour produire une alimentation constante et régulière.

On peut à volonté remplacer le pinceau par un crayon

de mine de plomb ordinaire ou du genre de ceux qui ne se taillent pas. Il faut alors que le tube et le crayon pèsent environ 40 grammes pour que la trace soit suffisamment visible.

Les traces du style sont reçues sur une bande de papier enroulée sur un cylindre l servant de magasin, et qui passe sur trois petits cylindres qui la guident sous les styles et empêchent le papier de fléchir sous l'action du vent ou sous son propre poids.

La feuille de papier s'enroule sur un autre rouleau g qui sert de récepteur et sur lequel une de ses extrémités a été fixée avec de la colle à bouche.

Un second style k, porté par l'une des brides d'arrêt, et par conséquent immobile, trace sur le papier une ligne qui correspond à un effort nul ou à la position des lames au repos et donne ainsi le zéro des efforts ; de sorte que l'effort exercé est toujours mesuré par l'écartement de la courbe tracée par le style mobile à cette ligne du zéro.

47. *Manière de faire mouvoir le papier qui reçoit la trace du style.* — Le mouvement de transport perpendiculaire à la direction des efforts exercés est transmis à la bande de papier au moyen d'une corde sans fin, qui passe sur le moyeu de l'une des roues de devant de la voiture et sur une poulie de renvoi. Sur le prolongement de l'axe de cette poulie est une vis sans fin parallèle aux lames, et qui conduit un pignon monté sur l'axe d'un petit cylindre. Sur celui-ci s'enroule une corde de soie qui transmet le mouvement au cylindre récepteur du papier.

En proportionnant convenablement cette transmission, on peut, au moyen de bandes de papier de 16 à 18 mètres de longueur, prolonger avec une même bande les expériences sur une étendue de chemin parcourue de 800 à 1 000 mètres et plus.

Mais si le mouvement était transmis directement à l'arbre du cylindre récepteur, dont le papier, en s'enroulant, augmente le diamètre extérieur, il s'ensuivrait que, bien que le mouvement du cylindre fût uniforme ou dans un rapport constant avec celui de la roue, celui de transport de la bande de papier s'accélérerait. Pour éviter cet inconvénient, le fil de soie enroulé sur le petit cylindre intermédiaire n se fixe par son extrémité libre à une fusée conique dont les diamètres sont calculés de manière à compenser l'accroissement graduel de diamètre du cylindre récepteur et dont la surface est cannelée en filets héliçoïdes.

48. *Observation sur la quadrature des courbes tracées.*— D'après cette description sommaire on voit que, le papier se déroulant sous le style avec une vitesse qui est dans un rapport constant avec le chemin parcouru, les longueurs de papier représentent ce chemin à une échelle connue par ce rapport. Les ordonnées de la courbe des flexions, mesurées depuis la ligne du zéro, étant proportionnelles aux efforts exercés, il en résulte donc que l'aire comprise entre la courbe, la ligne du zéro et deux ordonnées quelconques, représentera, selon ce qui a été dit à la 2ᵉ leçon, le travail total développé dans cet intervalle par la puissance motrice.

49. *Moyens d'opérer cette quadrature.* — Cette quadrature peut s'opérer, soit par de simples tracés et calculs ordinaires, soit par le relèvement des ordonnées à l'aide d'une glace transparente, préalablement divisée. Mais cette méthode est longue, et l'on peut lui substituer l'une des deux suivantes.

La première, qui dispense de tout calcul, consiste à tra-

Fig. 21.

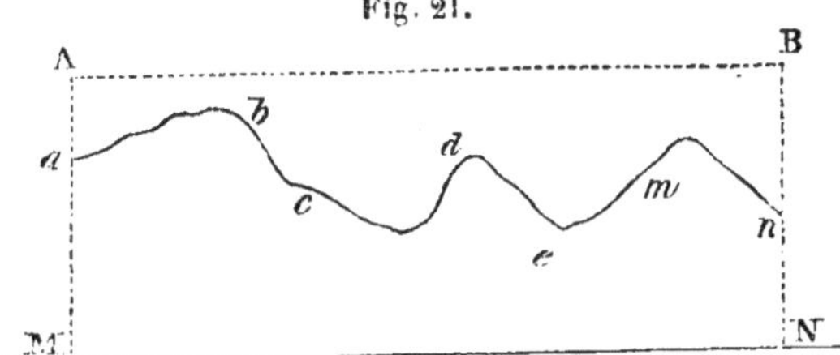

cer d'abord parallèlement à la ligne du zéro MN une ligne droite AB à une distance donnée de la ligne du zéro plus grande que la flexion maximum ou qui lui soit au plus égale. A cette ordonnée correspondrait un effort fictif constant, auquel serait dû un travail connu, représenté par l'aire du rectangle MNBA. Or, *abcd*...NM étant la courbe réelle des efforts donnés par l'expérience, on a évidemment la proportion.

L'aire MNBA : l'aire *abc*...NM : : le travail de l'effort fictif constant : au travail cherché.

Mais, le papier étant fabriqué à la mécanique et d'épaisseur uniforme, les aires MNBA et M*abc*.....N sont entre elles comme leurs poids. Donc en les découpant, et pesant d'abord le rectangle entier, puis l'aire curviligne M*abc*.....N, on aura par une simple proportion le travail cherché.

Si, par exemple, l'on a employé un ressort de 700

kilogrammes, pour lequel un accroissement de flexion de $1^{\text{mill.}}$ 25 corresponde à un effort de 10 kil. et une flexion constante ou une hauteur du rectangle de 70 mill. à 560 kil., en appelant P le poids de la bande de 70 mill. de hauteur, p le poids de la partie comprise entre la courbe et la ligne du zéro, E la longueur du chemin parcouru, F l'effet moyen développé par le moteur, on aura

$$F = 560 . \frac{p}{P} \text{ kilogrammes.}$$

et le travail total de l'effort variable aurait pour valeur le produit FE.

50. *Usage du planimètre.* — Le second moyen d'obtenir la quadrature des courbes rapidement et sans calculs, c'est d'y employer le planimètre d'Ernst muni d'un cône en bois.

Cet instrument se compose (pl. I, fig. 3 et 4) d'un cône *bcb,* dont l'axe est incliné sur le plan de la table qui porte l'instrument, de façon que son arête supérieure soit parallèle à ce plan. Ce cône est monté à pointes sur deux supports fixés à une platine X, et sur son axe prolongé est une roulette *aa,* qui est pressée contre une bande LL, parallèle aux guides, suivant lesquels peut glisser la platine XX; de sorte que, quand on pousse cette platine en avant ou en arrière, dans le sens de LL, la roulette et le cône tournent et font un nombre de tours proportionnel au chemin parcouru par le plateau.

Un compteur, dont la pièce principale est une roulette *dd* verticale et perpendiculaire à l'arête horizontale supérieure du cône, tournant autour d'un axe parallèle à cette même arête, est monté à pointes sur une pièce à coulisses *ff*, qui se meut avec la platine XX, mais qui peut en outre recevoir un mouvement perpendiculaire à la bande LL, de façon que la roulette peut se rapprocher ou s'éloigner à volonté du sommet du cône.

Le compteur reposant sur la surface du cône par son propre poids, on conçoit que, quand ce cône tourne, la roulette en fait autant, et il est évident que le nombre de tours qu'elle fait est toujours proportionnel 1° au nombre de tours du cône ou à la longueur du chemin parcouru dans le sens LL, et 2° à la distance de la roulette au sommet du cône, ou au produit de ces deux quantités.

Cela posé, supposons que, la roulette étant au sommet du cône, une pointe *g* placée sur la coulisse *ff* corresponde à une ligne RS parallèle au guide LL et fût sur le point R, il est évident que, si l'on pousse la platine XX, de façon que cette pointe suive exactement la ligne RS, la roulette ne tournera pas, puisque la vitesse du sommet du cône est nulle; mais si la pointe *g* est en M, et la roulette à une distance du sommet du cône égale à MR = NS, lorsque la pointe sera poussée de M en N, le nombre de tours de la roulette sera proportionnel à la longueur RS, qui est la base du rectangle MNSR et à la hauteur du même rectangle. Il le sera par conséquent à la surface de ce rectangle. De même, si l'on fait suivre à la pointe *g* la ligne OP, le nombre de tours de la roulette sera proportionnel à la surface du rectangle ORSP.

Mais dans l'exécution de l'instrument l'on ne peut aire arriver la roulette jusqu'au sommet du cône, qui est supprimé , et il faut modifier un peu la manière d'obtenir la surface du rectangle à mesurer.

Supposons, par exemple, qu'il s'agisse de calculer la surface du rectangle OMNP. L'on amène d'abord la pointe g au dessus de la ligne MN en s'assurant qu'elle la suit bien exactement dans le mouvement de transport de la platine XX. —On pousse alors tout l'instrument de façon que cette pointe g aille de M en N. La roulette du compteur fait alors un nombre de tours proportionnel à la surface du rectangle RMNS. On tire ensuite la coulisse ff et l'on conduit la pointe g au dessus du point P, puis l'on ramène la platine XX en arrière, de manière que la pointe g suive la ligne PO.

Dans ce mouvement rétrograde la roulette tourne en sens contraire et fait un nombre de tours proportionnel à la surface du rectangle ORSP, et comme dans ces deux mouvements consécutifs elle a marché dans deux sens opposés, il est évident que le nombre définitif de tours qu'elle a fait est proportionnel à la différence des deux rectangles ORSP et MRSN ou à la surface du rectangle OMNP.

Le mouvement de la roulette se transmet par des engrenages aux aiguilles de deux limbes, dont l'une donne les unités, dizaines et centaines de millimètres carrés, et l'autre les mille de millimètres quarrés.

Ce que nous venons de dire pour un rectangle s'applique exactement à la quadrature d'une surface terminée, comme dans les courbes tracées par le style des dynamomètres , d'un côté par une ligne droite et de l'autre par une ligne courbe ondulée op, car chaque élément de cette surface $uvxy$ peut être regardé comme un petit rectangle dont la base est ux, et la hauteur la moyenne arithmétique entre uv et xy.

Pour procéder au relèvement d'une courbe ou à la quadrature d'une surface $MNpo$, on opère ainsi qu'il suit : On fixe la feuille de papier sous la planchette du planimètre, de façon que, la pointe g étant reculée au plus près de cette planchette, elle suive exactement la ligne MN du zéro des efforts, quand on pousse le plateau Xx dans le sens de M en N. Cela fait, l'on ramène la pointe g au dessus de M, on soulève le compteur et l'on ramène à la main les aiguilles des deux limbes au zéro ; on pose doucement la roulette sur le cône, et l'on pousse la platine XX, de façon que la pointe g aille de M en N. On tire alors la coulisse ff, pour amener la pointe g sur le point p ; puis, à l'aide du double mouvement qu'on peut lui imprimer, on suit exactement avec cette pointe toutes les sinuosités de la courbe, jusqu'à ce qu'elle soit parvenue en o. On lit alors sur les deux limbes le nombre de millimètres quarrés contenus dans la surface à quarrer, et en la divisant par la longueur de la base MN, exprimée en millimètres, on a pour quotient l'ordonnée moyenne ou la hauteur du rectangle de même surface, et par suite l'effort moyen exercé. Mais, pour que les opérations que nous venons d'indiquer conduisent à un résultat exact, il faut que dans ses mouvements d'avancement ou de recul la roulette ne glisse jamais sans tourner. L'on obtient ce résultat en substituant au cône poli de métal des planimètres ordinaires un cône en bois complétement dépoli.

V· LEÇON.

51. *Dynamomètre pour totaliser la quantité d'action développée pendant un intervalle de temps ou de chemin considérable.* — Lorsqu'il s'agit d'observer le travail développé par des moteurs animés ou autres pendant un long intervalle de chemin parcouru, le dynamomètre à style, dont la bande de papier ne peut guère servir que pour une distance de 800 à 1 000 mètres, serait insuffisant. Il est d'ailleurs souvent beaucoup plus commode d'obtenir de suite la quantité de travail développé le long d'un chemin donné, et il importe d'avoir un appareil qui totalise de lui-même les quantités de travail élémentaires successives, et dispense ainsi des quadratures que nous avons appris à exécuter. Tel est le but de la modification suivante apportée au dynamomètre décrit dans les numéros précédents.

La griffe postérieure c (pl. I, fig. 5) est traversée par un axe de rotation sur lequel est vissé le plateau B de $0^m.080$ de rayon, placé au dessus des lames, et qui reçoit à sa partie inférieure une poulie D à laquelle le mouvement de la roue est transmis par une corde sans fin passant sur des poulies de renvoi. Un support E faisant corps avec la griffe antérieure d soutient un compteur qui par conséquent suit tous les mouvements de flexion de la lame antérieure.

La pièce principale du compteur est une roulette montée sur un axe parallèle au plateau et à la direction des efforts de traction. Cette roulette agit comme celle du compteur du planimètre; seulement, puisque, au lieu d'un cercle, nous avons ici un plan, elle peut atteindre le centre de ce cercle quand l'instrument est au repos. D'après ce qui a été dit au numéro 50, il est inutile d'indiquer le jeu de l'instrument, et l'on conçoit de suite que le nombre de tours de la roulette est proportionnel à la somme des produits élémentaires des efforts exercés et des éléments de chemin parcouru ou au travail total.

En nommant r la distance de la roulette au centre du plateau en mètres sous l'effort de traction F exprimé en kil. ou la flexion du ressort sous cet effort, attendu que l'instrument est disposé de façon que la roulette repose au centre du plateau quand l'effort est nul ;

r_1 le rayon de la roulette ;

e le chemin parcouru en une seconde par la voiture dans le sens du tirage, si l'effort est constant, ou dans un instant infiniment petit, si l'effort est variable ;

R le rayon de la roue sur laquelle on prend le mouvement ;

$n = \dfrac{e}{2\pi R}$ le nombre de tours de la roue correspondant au chemin e ;

$K = \dfrac{F}{r}$ le rapport des efforts aux flexions mesurées ;

N le nombre de tours de la roulette correspondant au chemin e ;

R' le rayon du moyeu de la roue sur laquelle on prend le mouvement du plateau ;

r' le rayon de la poulie du plateau ;

Il est évident que ce plateau fera un nombre de tours égal à $\dfrac{R'}{r'}$ pour un tour de la roue, ou bien à $\dfrac{e}{2\pi R}\dfrac{R'}{r'}$

pour le chemin e parcouru dans le sens du tirage.

La roulette fera $\dfrac{r}{r_1}$ tours pour un tour du plateau ; on aura donc

$$N = \frac{e}{2\pi R} \cdot \frac{R'}{r'} \cdot \frac{r}{r_1},$$

pour le nombre de tours de la roulette correspondant à un chemin parcouru e sous l'effort de traction F.

Le nombre N étant d'ailleurs fini ou infiniment petit selon qu'il s'agit d'un effort constant et d'un chemin fini, ou d'un effort variable et d'un élément de chemin. Mais on a par définition

$$K = \frac{F}{r}, \text{ d'où } r = \frac{F}{K},$$

et par suite

$$N = \frac{R'}{2\pi R \, r' r_1 \, K} \cdot Fe ;$$

d'où

$$Fe = \frac{2\pi R \, r' r' K}{R'} \cdot N.$$

Ainsi, soit pour un effort constant et un travail fini, soit pour un effort variable et un travail élémentaire, on voit que le travail développé par le moteur est mesuré par le produit du facteur constant

$$\frac{2\pi R . r' r_1 K}{R'}$$

et du nombre N de tours, ou fraction élémentaire de tours faits par la roulette, de sorte que, le travail total au bout d'un intervalle quelconque étant la somme des quantités de travail élémentaires successivement développées, il sera égal au même produit en prenant le nombre N égal au nombre total de tours de la roulette pendant l'intervalle observé.

Des instruments de ce genre ont été employés avec succès et avec la plus grande facilité à des expériences prolongées sur le tirage des voitures, et ils ont permis de déterminer les quantités totales de travail développées par des attelages de 6 chevaux pendant des journées entières de marche, et pour des routes de Paris à Amiens, à Nanci et au Mans.

52. *Disposition pour obtenir des indications du nombre de tours faits par la roulette.* — Il est facile de concevoir que, l'axe de la roulette portant une vis sans fin, son mouvement se communique aisément par des engrenages convenablement proportionnés à deux limbes, dont l'un indique les unités et les dizaines de tours, et l'autre les centaines, les mille de tours de la roulette. Mais de plus, afin de pouvoir observer les divisions de ces limbes sans arrêter l'instrument ou la marche, on a disposé deux styles qui, traversant deux godets remplis d'encre grasse, viennent déposer sur des limbes émaillés un point noir quand on appuie le doigt sur un bouton. Les observations peuvent ainsi être faites et multipliées sans que les résultats se confondent.

53. *Dynamomètre à moteur chronométrique.* — Lorsque l'on veut faire des expériences sur la résistance des bateaux au halage ou sur les charrues sans avant-train, il serait au moins fort difficile, et dans quelques cas impossible, de mettre le mouvement du papier en rapport constant avec le chemin parcouru. Dans ce cas, il est beaucoup plus commode d'employer un moteur chrono-métrique qui communique au papier un mouvement sensiblement uniforme. Alors les longueurs de papier développées représentent les temps, et la quadrature de la courbe des flexions donne la somme des produits $F \times t$ de chaque effort par sa durée élémentaire, ou ce qu'on appelle, comme nous le verrons plus tard, la quantité de mouvement totale développée dans l'intervalle de temps considéré. En divisant ensuite l'aire obtenue par le temps total ou par la longueur du papier développé, on a l'effort moyen de la puissance motrice.

Dans le halage des bateaux et dans tous les cas où la vitesse peut exercer de l'influence sur les résultats, on se sert de deux pinceaux auxiliaires dont l'un sert à marquer sur le papier des points correspondants à des intervalles égaux de temps de 15″, 30″, etc., et l'autre les chemins parcourus d'après l'observation des passa-ges devant des poteaux ou objets éloignés de distances connues.

54. *Dynamomètre de rotation.* — Les instruments que nous venons de décrire n'ont été construits que pour mesurer l'effort ou le travail développé par les moteurs dont l'action a lieu en ligne droite ou circulairement; mais il a été facile de les modifier de manière à obtenir le travail transmis par un axe de rotation à une machine quelconque, en appliquant le principe des styles ou celui du compteur.

55. *Description du dynamomètre de rotation à styles.* — Sur un arbre posé sur deux supports en fonte fixés à un plateau en bois sont placées trois poulies de même diamètre (pl. II, fig. 1 et 2) : l'une, A, est fixe; l'autre, C, voisine de la 1re, est folle, et la dernière, B, est mobile autour de l'arbre entre des limites que nous indiquerons.

Cet appareil étant interposé entre un arbre moteur et une machine dont on veut mesurer la résistance, la poulie folle C reçoit la courroie de transmission de l'arbre moteur, et quand on fait passer cette courroie sur la poulie fixe A, l'arbre se met en mouvement et prend une vitesse qui dépend du rapport du diamètre de la poulie à celui du tambour de l'arbre moteur.

La poulie B reçoit une courroie qui doit transmettre le mouvement à la machine et vaincre la résistance; mais comme elle est à frottement doux sur l'arbre, elle ne serait pas entraînée dans le mouvement communiqué à cet arbre par la poulie fixe, si un arrêt qui fait corps avec elle n'était pressé par l'extrémité d'une lame de ressort implantée dans l'arbre suivant un de ses rayons. Cette lame, tournant avec l'arbre, agit sur l'arrêt, dont la résistance la fait fléchir, et quand sa résistance à la flexion est susceptible de vaincre celle que la machine oppose, le mouvement commence, et se trouve ainsi transmis de l'arbre moteur à la machine en expérience par l'intermédiaire d'une lame de ressort, dont les flexions sont la mesure immédiate de la résistance à vaincre.

Un style ajusté sur l'un des bras de la poulie s'approche à volonté d'une bande de papier douée d'un mouvement propre en rapport constant avec celui de la poulie ou de l'arbre, et y trace une courbe de flexions du ressort absolument de la même manière que dans les dynamomètres employés pour les voitures.

Un autre style, immobile par rapport au premier, trace en même temps une ligne correspondante à une flexion nulle, ou à la position qu'occupait le style mobile quand l'effort était nul. Cette ligne du zéro se trouve vers le milieu de la largeur du papier, afin que l'effort puisse être mesuré indifféremment dans un sens ou dans l'autre.

Les lames employées sont à section parabolique, et l'on peut les multiplier autant qu'on le veut selon l'intensité des efforts que l'instrument doit mesurer.

Un arrêt fixe, placé sur l'arbre, limite le déplacement de la poulie et par suite la flexion des lames, ce qui les empêche d'être forcées dans le cas d'efforts accidentels trop considérables.

56. *Transmission du mouvement de l'arbre à la bande de papier*. — Un anneau denté est ajusté à frottement doux sur l'arbre, et sa denture hélicoïde engrène avec un pignon dont l'axe, compris dans un plan perpendiculaire à celui de l'arbre, ne rencontre pas celui-ci. L'arbre de ce pignon porte une vis sans fin, qui conduit un autre pignon monté sur le prolongement de l'axe du petit cylindre sur lequel s'enroule la soie qui entraîne la fusée. Quand on veut faire marcher la bande de papier, on rend immobile l'anneau denté au moyen d'un embrayage sur lequel un arrêt fixé à cet anneau vient se poser, quand on le tourne convenablement. Alors, l'anneau denté étant fixe dans l'espace, tandis que le pignon emporté par l'arbre roule autour de lui, ce pignon prend un mouvement relatif qu'il transmet à la vis, à la fusée et à la bande de papier.

57. *Résultats d'expériences faites avec le dynamomètre de rotation.* — Comme exemples des résultats que l'on peut obtenir avec les dynamomètres de rotation, nous rapporterons ici quelques uns de ceux qui ont été obtenus sur les scieries et machines de charronnage mécanique des ateliers des Messageries royales à Chaillot.

Désignation des machines.	Essence et qualité des bois.	Longueur du trait de scie.	Surface de bois scié.	Travail consommé en chevaux en 1″.	Travail pour scier 1ᵐᵟ.00 de surface.
		m.	mq.	ch.	kil.
Scierie verticale à une lame.	Chêne de 5 ans de coupe.	0.555	0.7155	2.82	74520
	Frêne de 2 ans de coupe.	0.296	0.6020	2.45	75850
	Orme tendre de 4 ans de coupe.	0.480	1.1652	4.60	90510
	Grisard ou tremble de 4 ans id.	0.590	0.6202	2.67	68570
	Orme tortillard de 1 an de coupe.	»	0.5409	3.48	118200
Scie circulaire de 0ᵐ.620 de diamètre.	Frêne de 5 ans de coupe.	0.175	0.1405	2.80	142000
	Id.	0.125	0.1571	2.575	80450
	Id.	0.087	0.1250	1.665	75880
	Id.	0.042	0.0602	1.910	71260
	Id.	0.021	0.0501	1.775	57440

Machines de la charronnerie mécanique.

Désignation des machines.	Essence et qualité des bois ou nature du travail.	Travail moyen en chevaux.
Scierie à jantes.	Orme de 2 ans de coupe.	1.390
Scie à débillarder.	Frêne de 3 ans de coupe.	1.225
Machine à tenons des rais.	Chêne de 2 ans de coupe.	0.460
— à percer les jantes.	Orme de 2 ans de coupe, trous des rais.	0.253
Id.	— trous des broches.	0.125
Machine à faire les broches.	Chêne, broches de $0^m.034$.	0.390
— à percer le fer.	Fer, trou de $0^m.035$.	0.551
Ventilateur donnant le vent à	19 feux faisant 1296	2.860
	13 — 1516	2.750
	5 — 1296 tours en 1′.	2.360
	2 — 1527	1.920

58. *Dynamomètre de rotation à compteur.* — La poulie mobile et la monture des lames de ressort sont tout à fait semblables à celles du dynamomètre à styles. Un anneau à frottement doux et denté en roue d'angle engrène avec un pignon conique dont l'axe rencontre à angle droit celui de l'arbre. L'axe de ce pignon se termine par une vis sans fin, qui conduit une roue dentée, dont l'axe, parallèle à celui de l'appareil, porte à l'autre bout un plateau en cuivre, dont le plan est perpendiculaire à l'arbre. La poulie mobile porte un compteur à roulette, semblable à celui qui a été décrit au n° 51, et qui se déplace avec cette poulie d'une quantité proportionnelle à la flexion des lames. Des vis de rappel permettent de placer la roulette au centre du plateau quand l'appareil est au repos.

La théorie et le jeu de cet instrument sont d'ailleurs analogues à ceux du dynamomètre à compteur pour les voitures.

Cet instrument peut facilement être proportionné de manière à totaliser la quantité de travail transmise par un axe de rotation pendant un jour, une semaine, un mois, et sous ce rapport il serait fort utile pour des observations relatives au partage de la force motrice entre divers ateliers ou à la consommation de combustible des machines à vapeur.

59. *Indicateurs de la pression de la vapeur dans les cylindres des machines.*

Indicateur de Watt perfectionné par Mac-Naught. — Il est de la plus grande utilité, pour l'appréciation des effets de la distribution de la vapeur dans l'intérieur des cylindres des machines à vapeur ou de leur état d'entretien, d'avoir un moyen de mesurer la pression de la vapeur aux différents points de la course du piston. Watt s'était déjà occupé de construire pour cet usage un petit instrument, qu'il nomma l'*indicateur de la pression*, et qui a reçu depuis lui divers perfectionnements de détail.

Il se compose d'un piston libre à frottement doux et sans garniture (pl. III, fig. 1), contenu dans un petit cylindre terminé inférieurement par un bout de tuyau muni d'un robinet et que l'on visse sur le chapeau du cylindre. Lorsque ce robinet est ouvert, la vapeur qui afflue dans le cylindre tend à repousser le piston au dehors ; mais, la tige de celui-ci étant liée à un ressort en spirale, ce ressort se comprime, et sa flexion sert de mesure à l'effort exercé. On parvient avec du soin à obtenir de ce genre de ressorts des flexions proportionnelles aux efforts, et il ne s'agit plus que d'avoir une trace de ces flexions.

A cet effet, la tige du petit piston porte un bras ou levier à articulation muni d'un crayon que l'on peut mettre en contact avec une feuille de papier enroulée sur un cylindre en cuivre dont l'axe est parallèle à la tige du piston. A la partie inférieure de ce cylindre est pratiquée une gorge dans laquelle s'enroule un fil dont l'extrémité est fixée sur un petit treuil. La circonférence de ce treuil a un développement un peu moindre que celui du cylindre ; et sur son axe est une poulie dont le développement est égal ou supérieur à la course du piston ; un second fil enroulé sur cette gorge s'attache à la tige du piston. En dedans du cylindre est un ressort spirale qui le ramène à sa position primitive, quand le piston revient sur lui-même.

Il résulte de cette disposition que, pendant l'introduction et la détente de la vapeur, le style trace sur la feuille de papier une courbe qui donne l'excès de la pression intérieure sur la pression extérieure ; puis que, dans la période d'émission, le cylindre revenant sur lui-même, le style trace une autre courbe qui donne la pression pendant l'échappement, et que cette seconde branche vient à la course suivante se refermer sur la première.

La longueur de papier développée étant proportionnelle à la course du piston, et les ordonnées limitées par les deux courbes étant dans tous les cas proportionnelles aux pressions motrices de la vapeur, il est évident que l'aire des surfaces comprises dans ces courbes fermées représente le travail développé sur le petit piston, et par suite sur le grand.

L'usage et l'application de cet instrument sont faciles, et, quand il est une fois bien taré, il peut donner de bonnes indications; mais il faut remarquer que, si le crayon trace plusieurs courbes successives, elles se confondent ou se superposent de manière à occasionner quelquefois de la confusion. Néanmoins la facilité de son installation doit faire rechercher cet appareil de tous les constructeurs de machines à vapeur.

60. *Nouvel indicateur à style.* — Pour éviter la confusion des courbes (pl. II, fig. 2, 3 et 4), je me suis proposé d'adapter à l'indicateur la disposition que j'avais employée pour les dynamomètres ordinaires.

Au lieu d'agir sur un ressort spirale, le piston de l'instrument porte une tête carrée d percée d'une ouverture dans laquelle s'engage l'extrémité d'une lame de ressort parabolique ee, fixée par son autre extrémité à un support f. La lame a une longueur telle, qu'elle peut prendre d'un côté et de l'autre plusieurs centimètres de flexion, et, comme on peut employer des lames plus ou moins raides, l'instrument peut servir à mesurer des pressions comprises depuis une jusqu'à dix atmosphères, Ainsi, par exemple, pour une machine à haute pression fonctionnant à quatre atmosphères en sus de la pression atmosphérique, chaque atmosphère pourrait correspondre à 10 ou 12 mill. de flexion de la lame, ce qui est d'une précision bien suffisante.

La tête du piston porte en avant de la lame un style g, qui trace sur une feuille de papier la courbe des flexions ou des tensions de la vapeur. Un autre style fixe h, ajusté de manière à tracer la même ligne droite que le style mobile quand le ressort est au repos, indique le zéro des pressions. Lorsque la vapeur est introduite sur le piston de la machine, elle repousse celui de l'instrument en dehors, et la courbe tracée est au delà de la ligne du zéro; quand au contraire la vapeur se détend et s'échappe, soit dans l'air, soit au condenseur, la courbe se rapproche de la ligne du zéro ou même la dépasse. Dans tous les cas on a sur la bande de papier une trace de toutes les variations de la pression.

Un troisième style fixe k marque à chaque coup un point qui sert à repérer la courbe avec l'origine des courses du piston. Malgré l'avantage que cet indicateur peut avoir, pour des études sur l'effet des machines à vapeur, par la multiplicité et la séparation des courbes qu'il fournit, il faut reconnaître que, pour la pratique ordinaire, l'indicateur de Watt perfectionné, d'une installation plus commode, et plus portatif, est très suffisant pour constater l'état d'une machine à vapeur. Nous en reparlerons en traitant de ces machines.

On voit que les deux principes sur lesquels sont fondés tous les instruments que nous venons de décrire, savoir : 1° l'emploi d'un style traçant une courbe des efforts sur une feuille de papier mise en mouvement par un moyen direct, et 2° l'usage d'un compteur à roulette pour totaliser la quantité de travail, s'appliquent avec facilité à tous les genres d'observations que l'on peut avoir à faire. En terminant je rappellerai que l'idée fondamentale de ces deux solutions de la question qui nous occupe m'a été indiquée par M. Poncelet, mon maître et mon ami, et que la part qui me revient dans la construction des instruments n'est relative qu'à la réalisation de cette idée féconde et ingénieuse.

VIe LEÇON.

61. *Du mouvement uniformément accéléré ou retardé.*
— On a vu dans la 1re leçon que, dans le mouvement uniforme, le rapport de l'espace parcouru au temps était constant, et représentait ce qu'on nomme la vitesse, ce qui était exprimé par la relation $V = \dfrac{E}{T}$, et que, dans le mouvement varié, la vitesse à un instant quelconque était celle du mouvement uniforme qui succéderait à ce mouvement varié si la cause qui produit la variation cessait d'agir.

La loi du mouvement uniforme pouvant être représentée par une ligne droite en prenant les chemins parcourus pour abscisses et les temps pour ordonnées, et l'inclinaison de cette ligne donnant la vitesse, il en résulte, comme on l'a déjà vu, que la vitesse du mouvement varié sera déduite de l'inclinaison de la tangente à la courbe qui représente la loi du mouvement varié, puisque cette tangente est précisément la ligne droite dans laquelle dégénérerait la courbe si ce mouvement cessait de varier. Or l'inclinaison de cette tangente est donnée par le rapport $\dfrac{e}{t}$ de l'espace infiniment petit e parcouru dans l'élément de temps t. On aura donc dans le mouvement varié $V = \dfrac{e}{t}$.

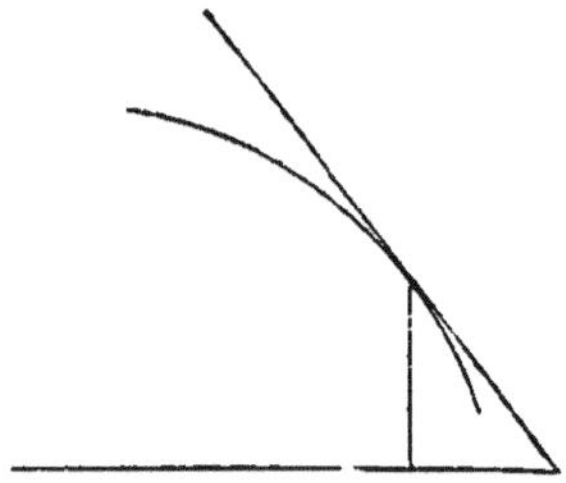

Mouvement uniformément accéléré à partir du repos.

— De tous les mouvements variés, les plus simples

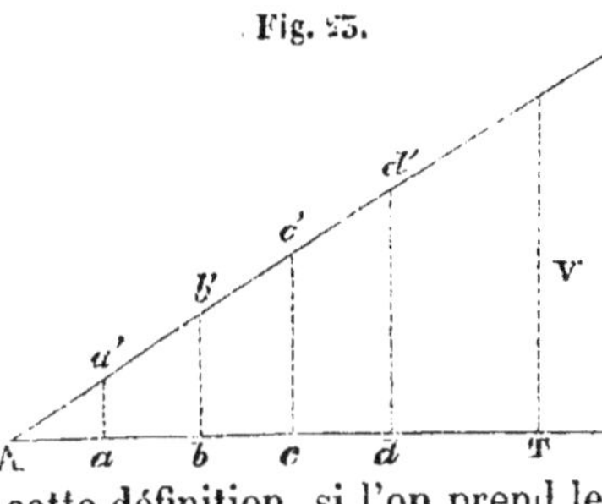

sont ceux où la vitesse croît ou décroît de quantités égales dans des temps égaux. On dit alors que le mouvement est *uniformément accéléré* ou *retardé*. D'après cette définition, si l'on prend les temps pour abscisses et les vitesses pour ordonnées, il en résultera que, si le corps part du repos, et que Aa, ab, bc, etc., représentent des intervalles de temps égaux, les accroissements successifs des vitesses représentées par aa', bb', cc', etc., seront aussi égaux, d'où il suit que tous les points A$a'b'c'd'$... etc., seront en ligne droite, et que tous les triangles Aaa', Abb', Acc', seront semblables; on aura donc entre deux vitesses quelconques V et V' communiquées au bout des temps T et T' la relation V . T : : V' : T'

$$\text{ou } \frac{V}{T} = \frac{V'}{T'} = \text{une quantité constante.}$$

Si par exemple on appelle V_1 la vitesse communiquée au bout de la première seconde, on aura

$$\frac{V}{T} = V_1, \text{ et par suite } V = V_1 T.$$

Par conséquent, lorsque l'on connaîtra la vitesse V_1 imprimée au corps pendant la première seconde de l'action de la force qui produit l'accélération, en la multipliant par le temps T que l'on considère, on aura la vitesse acquise à la fin de ce temps.

Cela posé, si l'on considère un intervalle de temps in-finiment petit fg, il est clair que l'on pourra pren-dre pour la vitesse moyen-ne pendant cet intervalle de temps la moyenne arith-métique $\dfrac{ff' + gg'}{2}$ des vi-tesses ff' et gg'', car à la

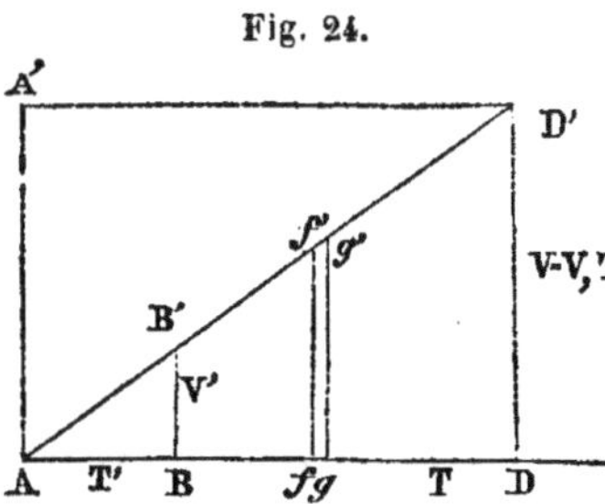

limite de petitesse du temps fg cette vitesse moyenne sera rigoureusement égale à la vitesse réelle. On peut donc dans cet intervalle de temps infiniment petit t regarder le mouvement comme uniforme avec cette vi-tesse moyenne, et par conséquent l'espace infiniment petit parcouru dans ce même intervalle sera égal à la vitesse multipliée par le temps, ou à $\dfrac{ff' + gg'}{2} \cdot fg$. Or ce produit est précisément l'aire du petit trapèze élémen-taire $ff'g'g$. — Donc cette aire représente l'élément de chemin e, parcouru dans le temps élémentaire t.

L'espace total E parcouru d'un mouvement unifor-mément accéléré pendant le temps T étant la somme de tous les espaces élémentaires analogues à e, il s'ensuit que, dans l'hypothèse actuelle, où le corps part du repos, l'espace E est représenté par la surface du triangle total ADD', dont la base $AD = T$, et la hauteur $DD' = V = V_1 T$ est la vitesse acquise au bout de ce temps. Donc cet espace sera représenté par

$$E = \tfrac{1}{2} AD \times DD' = \tfrac{1}{2} T \times V = \tfrac{1}{2} V_1 T^2.$$

Le produit $\tfrac{1}{2} VT$ étant la moitié de l'aire VT du rectangle AA'D'D, qui représenterait le chemin parcouru pendant le temps T d'un mouvement uniforme avec la vitesse V, on voit que *dans le mouvement uniformément accéléré l'espace parcouru au bout d'un temps quelconque, à partir du repos, est égal à la moitié de celui qui serait parcouru pendant le même temps d'un mouvement uniforme avec la vitesse finale.*

Si l'on considère les espaces E et E' respectivement parcourus au bout des temps T et T', ils seront représentés par les aires des triangles ADD' et ABB', et, d'après une propriété connue des triangles semblables, on aura

aire ADD' : aire ABB' : : $\overline{DD'}^2 : \overline{BB'}^2$ ou E : E' : : $V^2 : V'^2$,

d'où

$$E = \frac{E'}{V'^2}.\, V^2.$$

Si l'espace E' et la vitesse V' correspondent à la 1re seconde de l'action de la force, on a

$$V' = V_{\text{,}}, \ E' = \frac{1}{2} V'T' = \frac{1}{2} V_{\text{,}},$$

et par suite

$$E = \frac{\frac{1}{2} V_{\text{,}}}{V_{\text{,}}^2}.\, V^2 = \frac{1}{2V_{\text{,}}}.\, V^2 ;$$

d'où

$$V^2 = 2 V_{\text{,}} E.$$

Ainsi *le quarré de la vitesse V acquise par le corps après qu'il a parcouru l'espace E est égal au produit de cet espace par le double de la vitesse acquise par le corps après la première seconde d'action de la force.*

Les lois du mouvement uniformément accéléré à

partir du repos sont donc représentées par les formules très simples

$$V = V_, T \quad E = \frac{1}{2} V_, T^2 \quad \text{et} \quad V^2 = 2 V_, E.$$

62. *Représentation graphique de la loi de ce mouvement.* — Relativement à la formule $E = \frac{1}{2} V_1 T_2$, on fera remarquer que, si l'on prend les espaces E pour les abscisses et les temps correspondants pour les ordonnées d'une courbe qui représenterait ainsi la loi du mouvement uniformément accéléré, il résulte de cette formule que les abscisses de cette courbe seront proportionnelles au quarré des ordonnées, et que la courbe sera une parabole ayant pour paramètre $\frac{2}{V_1}$.

Réciproquement, toutes les fois que par des observations directes ou des appareils particuliers, dont nous parlerons plus tard, on aura obtenu une courbe qui donne la relation entre les espaces parcourus et les temps correspondants, et qu'on reconnaîtra que cette courbe est une parabole, on en concluera que le mouvement est uniformément accéléré.

63. *Cas où le corps possède une vitesse V' au moment où l'accélération commence.* — Si, à l'instant où la force accélératrice commence à agir, le corps possédait déjà une vitesse V', il est facile de voir qu'en continuant de représenter la relation des vitesses et des temps, com-

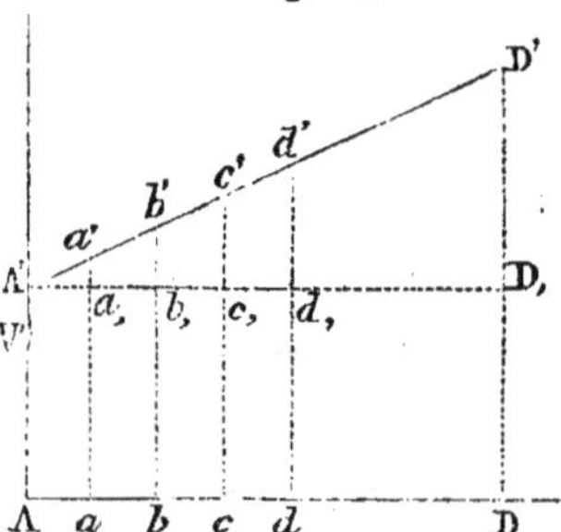

me on l'a fait plus haut, on devrait, à partir du point A, correspondant à l'instant où l'accélération commence, porter d'abord une perpendiculaire $AA' = V'$; puis que, pour des temps égaux Aa, ab, bc, la vitesse croissant de quantités égales, la relation des vitesses et des temps serait représentée par une ligne droite dont l'inclinaison donnera le rapport de l'accroissement constant de la vitesse au temps, et que cet accroissement aura encore pour valeur le produit $V_1 T$.

Donc la vitesse totale au bout du temps T sera

$$V = V' + V_1 T.$$

De même l'espace parcouru par le corps après ce temps se composera de l'espace qu'il aurait décrit d'un mouvement uniforme avec la vitesse initiale V', et qui est représenté par l'aire du rectangle $ADD_1 A' = V'T$, plus l'espace qu'il aurait parcouru en partant du repos et d'un mouvement uniformément accéléré, et qui est représenté par l'aire du triangle

$$A'D_1 D' = \frac{1}{2} V_1 T \times T = \frac{1}{2} V_1 T^2.$$

Donc cet espace total sera

$$E = V'T + \frac{1}{2} V_1 T^2.$$

64. *Du mouvement uniformément retardé.* — Des considérations analogues montrent que, si une force agit sur un corps animé d'une vitesse V', et diminue cette vitesse de quantités égales dans des temps égaux, et qu'on porte à l'origine des temps, correspondante à l'instant où le retard commence, la perpendiculaire $AA' = V'$, ou la vitesse à cet instant, la vitesse diminuera pour des temps égaux Aa, ab, bc, de quantités égales, et que la ligne qui représente

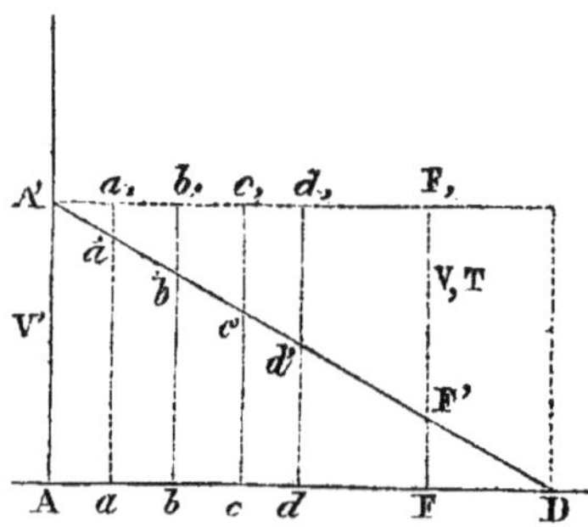

la relation des vitesses et des temps sera une droite $Aa'b'..D$ inclinée de telle sorte, que les rapports des diminutions de vitesse aux temps correspondants

$$\frac{a'a_{,}}{Aa}, \frac{b'b_{,}}{Ab}, \frac{c'c_{,}}{Ac},\ldots$$

seront égaux, et qu'au bout du temps T la vitesse initiale V' aura été diminuée de la quantité $V_{,}T$, en appelant ici $V_{,}$ la diminution de vitesse dans l'unité du temps.

Par conséquent la vitesse restante au bout du temps T sera $V = V' - V_{,}T$.

Quant à l'espace parcouru au bout'du temps $AF = T$, il est encore évident qu'il sera représenté par l'aire du trapèze $AFF'A'$, laquelle est égale à l'aire du rectangle $AFF_{,}A' = V'T$ diminuée de l'aire du triangle

$$AF'F_{,} = \frac{1}{2}V_{,}T \times T = \frac{1}{2}V_{,}T^2.$$

Donc cet espace sera

$$E = V'T - \frac{1}{2}V_{,}T^2.$$

La vitesse V sera nulle ou le mouvement éteint quand on aura $V' = V_1 T$, et au bout du temps $T = \dfrac{V'}{V_1}$.

Le chemin correspondant à cet instant sera

$$E = V_1 T^2 - \frac{1}{2} V_1 T^2 = \frac{1}{2} V_1 T^2.$$

Ainsi, *dans le mouvement uniformément retardé, les espaces parcourus au bout du temps T, après lequel la vitesse initiale est détruite, seront les mêmes que les espaces parcourus à partir du repos, d'un mouvement uniformément accéléré, pendant un temps à la fin duquel la vitesse acquise $V_1 T$ serait égale à la vitesse initiale V' du mouvement retardé.*

Si la cause qui produit le ralentissement du mouvement continuait son action au delà du temps où la vitesse initiale est éteinte, elle communiquerait au corps un mouvement uniformément accéléré à partir de cet instant où la vitesse était nulle, et ce mouvement serait dirigé en sens contraire du mouvement initial.

65. *Conséquence relative aux causes qui produisent l'accélération ou le retard.* — Dans les mouvements uniformément accélérés ou retardés les accroissements ou les diminutions de la vitesse étant toujours les mêmes pour des temps égaux, la cause, la force qui produit cette modification du mouvement, est donc constante, puisqu'elle produit des effets constants.

Ainsi, quand l'observation nous aura montré que le mouvement est uniformément accéléré ou retardé, nous serons en droit d'en conclure que la cause, la force qui l'accélère ou le retarde, est constante.

66. *Mouvement vertical des graves ou corps pesants.*
— L'expérience prouve que dans le vide tous les corps soumis à l'action de la pesanteur tombent d'une même hauteur dans le même temps, quelle que soit leur densité. Il en résulte que la pesanteur agit de la même manière sur toutes les molécules matérielles. Dans l'air et dans les autres milieux résistants, la résistance que les corps éprouvent dépend de l'étendue et de la forme de leurs surfaces, et elle modifie notablement la nature de leur mouvement, quand les vitesses sont considérables et que les corps ont des volumes très grands par rapport à leurs poids. Mais pour les corps tels que la pierre, le bois, les métaux, employés dans les constructions, et pour les hauteurs ordinaires de chute, l'influence de la résistance de l'air est assez faible pour qu'on puisse ordinairement la négliger.

Galilée, le premier, en observant les temps employés par des corps roulant sur des plans inclinés ou descendant verticalement, a reconnu que les espaces parcourus dans le sens de la verticale et dans celui de la longueur des plans étaient entre eux comme les quarrés des temps employés; d'où il a conclu que *pour un même lieu à la surface de la terre la pesanteur était uniforme et constante*. C'est donc à l'expérience que l'on doit cette loi importante de la mécanique.

En appliquant à ce cas les lois que nous avons trouvées pour tous les mouvements accélérés ou retardés, nous aurons pour la vitesse communiquée ou détruite après la première seconde, et qu'on désigne ordinairement par la lettre g, $V_1 = g = 9^m.8\,088$. L'espace parcouru dans le sens de la verticale ou la hauteur se désigne par la lettre H. On aura alors pour les formules du mouvement des graves

$$H = \frac{1}{2} g T^2 = 4^m.9\,044\ T^2,$$

$$T^2 = \frac{H}{4^m.9\,044}, \quad V^2 = 2gH, \quad V = \sqrt{19.6\,176H}.$$

Usage de ces formules. — La première formule peut servir à déterminer approximativement la hauteur d'une tour, la profondeur d'un puits, par la seule observation de la durée de la chute d'un corps. Si, par exemple, on a trouvé qu'un corps (pour lequel on choisira, s'il s'agit d'un puits, un tison allumé, une lumière) a employé $2''.5$ à arriver de la margelle au fond d'un puits, on aura pour sa profondeur

$$H = 4^m.9\,044 \times (2''.5)^2 = 30^m.65.$$

La troisième est d'un usage fréquent, surtout dans les calculs de jaugeage des dépenses d'eau, et donne la vitesse correspondante à une hauteur de chute connue.

Ainsi pour une hauteur $H = 1^m.20$ on trouve

$$V = \sqrt{19.62 \times 1.20} = 4^m.85.$$

On l'a traduite en tables que l'on trouve dans la plupart des ouvrages de mécanique, mais la règle à calcul supplée ces tables, quand on ne les a pas sous la main. En amenant l'un des indicateurs sous le nombre 19.62, lu à l'échelle supérieure, on trouve à l'échelle inférieure les vitesses correspondantes à toutes les hauteurs lues sur la coulisse, ou réciproquement, en lisant les vitesses à l'échelle inférieure, on trouve sur la coulisse les hauteurs correspondantes.

67. *Chute successive des corps pesants.* — Les lois du mouvement de descente des corps pesants servent à expliquer entre autres phénomènes celui de la séparation croissante des corps, des gouttes d'eau, par exemple, qui, élevées ensemble et avec contiguïté dans un jet d'eau, redescendent en pluie par gouttelettes séparées. En effet il est facile de faire voir que, les gouttes partant du sommet de la courbe l'une après l'autre, elles doivent se séparer de plus en plus. Supposons, en effet, qu'une goutte d'eau commence son mouvement de descente $0''.01$ avant la suivante : $1''.00$ après le départ de la deuxième la première goutte sera descendue pendant $1''.01$ et aura parcouru une hauteur

$$H = 4^m.9\,044 \times (1.01)^2 = 5^m.003,$$

tandis que la suivante, qui ne sera en mouvement que depuis $1''.00$, .ne sera descendue que de

$$H = 4^m.9\,044 \times 1''^2 = 4^m.904.$$

Donc déjà la première sera en avance sur la seconde de

$$5^m.003 - 4^m.904 = 0^m.099,$$

et, la séparation allant toujours en croissant, le jet retombera en pluie.

VIIe LEÇON.

68. *Principe de la proportionnalité des forces aux vitesses.* — L'observation des faits montre et l'on sent qu'il est naturel d'admettre que *les forces sont réellement proportionnelles aux degrés de vitesse qu'elles impriment dans des temps égaux infiniment petits à un même corps qui cède librement à leur action et dans le sens propre de cette action.* C'est là un de ces axiomes fondamentaux admis par tous les géomètres, et qui ne se démontrent que par l'exactitude des conséquences que l'on en tire.

Si donc on nomme F et F′ deux forces qui, en agissant successivement sur un même corps, lui impriment ou lui enlèvent des degrés de vitesse infiniment petits v et v' dans l'élément de temps t, on aura, d'après ce principe, la proportion

$$F : F' :: v : v'.$$

Pour avoir l'expression et la mesure de la force F nous pouvons la comparer à une autre force dont l'effet sur le même corps soit connu, à la pesanteur par exemple, et comme nous savons que la vitesse communiquée aux graves dans l'élément de temps est $v' = gt$, et que nous désignons par P le poids du corps ou la force exercée par la pesanteur, la proportion ci-dessus devient alors

$$F : P :: v : gt;$$

d'où

$$F = \frac{P}{g} \cdot \frac{v}{t}.$$

Avant d'aller plus loin, remarquons que le même principe appliqué aux actions que la pesanteur exerce sur un même corps en des lieux différents, où le poids de ce corps est respectivement P et P', nous donne la proportion

$$P : P' : : gt : g't : : g : g'.$$

D'où il suit que le rapport $\dfrac{P}{g} = \dfrac{P'}{g'}$ est constant pour tous les lieux de la terre. C'est en effet ce que l'observation a démontré.

Ce rapport constant du poids d'un corps à la vitesse que la pesanteur lui communique dans la première seconde de son action est ce que l'on nomme *la masse*, et se désigne par la lettre M.

69. *Mesure des forces motrice et d'inertie.* — On a donc pour l'expression de la force F, capable de communiquer ou d'enlever au corps de poids P ou de masse M un élément de vitesse v dans l'élément de temps t

$$F = \frac{P}{g} \cdot \frac{v}{t} = M \cdot \frac{v}{t}.$$

On voit par cette expression que, toutes les fois que le corps ou sa masse sera donné, on aura la valeur, la mesure de la force en kilogrammes, quand on connaîtra le rapport $\frac{v}{t}$. Si, par exemple, ce rapport est constant, ce qui arrive dans le mouvement uniformément accéléré ou retardé, la force F est constante.

Mais, puisque, pour communiquer à un corps de poids P une variation de vitesse v dans l'élément de temps t, il faut développer un effort $\frac{P}{g}\frac{v}{t}$, il y a donc à vaincre une résistance dont cet effort est la mesure.

Cette résistance c'est la force d'inertie, la réaction qui se développe toutes les fois qu'une variation dans le mouvement se produit. Ainsi l'expression précédente sera à la fois la mesure de la force motrice qui produit la variation du mouvement, et celle de la force avec laquelle le corps, en vertu de son inertie, s'oppose, résiste à cette variation.

L'examen de la formule $F = \dfrac{P}{g}\dfrac{v}{t}$ montre que, pour un poids P ou une masse donnée M, la grandeur, l'intensité de la force F, croîtra d'autant plus que la variation du mouvement sera plus rapide, ou le rapport $\dfrac{v}{t}$ plus grand. C'est ce qui explique la grandeur des efforts et des réactions qui se développent dans les transmissions rapides du mouvement, dans les chocs qui s'accomplissent entre des corps durs, dans des intervalles de temps très courts, où la vitesse varie ou s'éteint si promptement.

On peut rendre sensible l'accroissement de l'effort à exercer F avec la rapidité de communication du mouvement au moyen d'un peson ou de tout autre ressort dont la flexion, indiquée par un style ou un curseur, est d'autant plus grande que la transmission du mouvement est plus rapide. Si, par exemple, on suspend au peson un poids de 5 kil., auquel cas un curseur en carte placé contre la branche supérieure s'arrêtera à la cinquième division, et qu'ensuite on élève le peson et le poids d'un mouvement accéléré, le ressort fléchira davantage, et d'autant plus que l'accélération sera plus rapide. L'accroissement de flexion indiqué par le déplacement du curseur mesurera l'effort , la résistance opposée par l'inertie à l'accélération du mouvement.

70. *Cas où la force est constante.* — Si la force F, ou si le rapport $\frac{v}{t}$ est constant, on a alors au bout d'un temps quelconque T, et quand la force a communiqué ou détruit une vitesse V, l'égalité

$$\frac{v}{t} = \frac{V}{T}, \text{ et par suite } F = M\frac{V}{T} = M\frac{v}{t};$$

d'où

$$FT = MV \text{ et } Ft = Mv.$$

71. *De la quantité du mouvement.* — Les produits MV, Mv, égaux à $\frac{P}{g}V$ ou $\frac{P}{g}v$, ont reçu le nom de *quantité de mouvement;* c'est une expression de convention à laquelle il ne faut attacher d'autre sens que celui du produit d'une masse par la vitesse qui lui a été communiquée ou enlevée.

On remarquera d'ailleurs que ce produit MV, Mv, est égal à celui FT et Ft de la force par le temps pendant lequel elle a agi. Si l'on considère deux forces F et F' agissant pendant des temps différents sur deux corps de masses inégales, on aura

$$Ft = Mv, \ F't' = M'v';$$

d'où

$$Ft : F't' :: Mv : M'v'.$$

D'où il résulte que les quantités de mouvement Mv, M'v', communiquées ou enlevées à des corps différents dans des temps inégaux , sont entre elles comme le produit des forces auxquelles elles sont dues par les temps pendant lesquels ces forces ont agi.

Ce n'est que quand les temps sont égaux que les quantités de mouvements imprimées ou détruites sont proportionnelles aux forces et peuvent leur servir de mesure.

72. *Forces égales agissant pendant des temps égaux.* — Si les forces sont égales et agissent pendant le même temps, les quantités de mouvement communiquées ou détruites dans les deux corps de masse M et M' sont égales. C'est ce qui arrive dans la réaction de deux corps qui se choquent. Les efforts de compression et de résistance étant égaux, opposés et développés pendant le même temps, il s'ensuit que la quantité de mouvement communiquée dans cette réaction à l'un des corps est égale à celle qui a été perdue par l'autre. C'est là une conséquence fondamentale pour la théorie du choc des corps.

Ainsi, par exemple, lorsqu'un corps dont la masse est M, animé d'une vitesse V, vient rencontrer un corps de masse M', animé d'une vitesse V', selon la même ligne dirigée soit dans le même sens, soit en sens contraire, il se développe aux points de contact des efforts de compression égaux et opposés qui, dans un élément de temps t, enlèvent au corps choquant M un petit degré de vitesse v, et par suite une quantité de mouvement Mv, et communiquent au corps choqué M', s'il marche dans le même sens que le premier, un accroissement de vitesse v' et une quantité de mouvement M'v'. Ces quantités étant égales, on a donc à chaque instant du choc ou de la compression réciproque des corps

$$Mv = M'v'.$$

Dans ce cas l'un des corps perd une quantité de mouvement égale à celle que l'autre gagne, et la somme de leurs deux quantités de mouvement reste la même.

Pareille chose se passant à chaque instant du choc, il s'ensuit encore que la quantité de mouvement totale perdue par l'un des corps est égale à celle que l'autre a gagnée pendant la compression, et qu'à la fin de cette période la somme de leurs quantités de mouvement est la même après le choc qu'avant.

73. Cette conséquence constitue le principe *de la conservation des quantités de mouvement*, autrement appelé *principe de la conservation du mouvement du centre de gravité*.

S'il s'agit de corps mous ou dont l'élasticité soit complétement altérée par le choc, et qui après la compression restent réunis en marchant ensemble d'un vitesse commune U, la quantité de mouvement après le choc est $(M+M')\,U$, et d'après ce qui précède on doit avoir

$$MV + M'V' = (M + M')\,U.$$

D'où l'on tire pour la vitesse commune après le choc

$$U = \frac{MV + M'V'}{M + M'}.$$

Si le corps choqué était au repos, on aurait $V' = o$ et l'expression ci-dessus se réduirait à

$$U = \frac{MV}{M + M'}.$$

Si pour la première de ces deux expressions on divise les deux termes de la fraction par la masse M' du corps choqué, la vitesse commune après le choc devient

$$\frac{\frac{M}{M'}V + V'}{\frac{M}{M'} + 1}.$$

Sous cette forme on voit que la vitesse commune pu mouvement des deux corps mous après le choc différera d'autant moins de la vitesse V' du corps choqué que la masse M du corps choquant sera plus petite par rapport à celle du corps choqué. A la limite de petitesse ou quand le corps choquant est infiniment petit par rapport au corps choqué, le rapport $\frac{M}{M'}$ s'évanouit et l'on a $U = V'$, c'est-à-dire que la vitesse de la masse choquée n'est pas altérée. Ce cas se présente dans le mouvement des liquides et lorsque des tranches infiniment minces viennent successivement choquer des masses finies animées dans le même sens de vitesses plus petites.

Si les corps marchent à la rencontre l'un de l'autre, les choses se passent encore d'une manière analogue, mais alors à la fin de la compression, ou les corps sont tous deux réduits au repos, et l'on a

$$MV = M'V' \text{ et } U = 0,$$

ou l'un des deux rétrograde et ils marchent avec une vitesse commune U. Si c'est, par exemple, le corps M' qui rétrograde, la quantité de mouvement qui a été perdue par le corps M est $M(V - U)$, et la quantité de mouvement développé pendant la durée de la compres-

sion par les forces de réaction sur le corps M' se compose de celle qui a été détruite et qui est M'V', plus celle
qui lui a été communiquée en sens contraire M'U, et
puisque les quantités de mouvement développées de part
et d'autre sur chacun des corps doivent être égales,
on a

$$M(V-U)=M'(V'+U)$$

d'où l'on tire pour la vitesse commune après le choc
ou la compression

$$U = \frac{MV - M'V'}{M + M'},$$

formule dans laquelle on voit encore, en divisant haut et
bas par la masse M du corps choquant, ce qui donne

$$U = \frac{V - \frac{M'}{M}V'}{1 + \frac{M'}{M}},$$

que la vitesse du corps choquant sera d'autant moins
altérée par le choc que sa masse M sera plus grande par
rapport à celle du corps choqué M'.

74. *Vérification des considérations précédentes par des
expériences directes.*— Les résultats auxquels l'on vient
de parvenir relativement au choc des corps mous ont
été vérifiés par des expériences directes que j'ai exécutées à Metz en 1833 (1) avec l'appareil suivant : Une
caisse A en bois (pl. III, fig. 7), dans laquelle on a placé

---

(1) Nouvelles expériences sur le frottement, sur la transmission du mouvement par le choc, etc., faites à Metz en 1833 par
A. Morin, capitaine d'artillerie.

successivement de la terre glaise plus ou moins molle, du sable, des pièces de bois, etc., était suspendue à un dynamomètre à style et à plateau tournant. Le plateau était animé d'un mouvement uniforme qui lui était transmis par un poids et régularisé par un volant à ailettes. Lorsque la caisse était immobile, la résistance du dynamomètre faisait équilibre à son poids et la courbe de flexion tracée par le style sur le plateau était un cercle.

Le corps choquant était un boulet suspendu à une espèce de tenaille qui s'ouvrait à volonté, et lorsqu'il atteignait les matières placées dans la caisse il en résultait des compressions à la suite desquelles les deux corps marchaient ensemble d'une vitesse commune. Les amplitudes de ce mouvement étaient mesurées et indiquées par les flexions des ressorts, et il en résultait sur le plateau une courbe dont les distances à l'axe ou les rayons vecteurs allaient en croissant pendant toute la période de la compression où le mouvement s'accélérait, d'où résultait que la courbe était d'abord convexe vers le cercle du repos. Puis, à partir de l'instant où la compression avait atteint son maximum, les corps étant mous ou à peu près, il en résultait que, la caisse cessant d'être sollicitée par un effort croissant, la réaction du ressort commençait à ralentir son mouvement de descente, l'arrêtait, le relevait ensuite au dessus de sa position initiale, et lui faisait alors continuer une suite d'oscillations verticales qui ne s'éteignaient que par l'effet des résistances passives de l'appareil.

Le relèvement de ces courbes et leur transformation en d'autres courbes dont les abscisses étaient les temps proportionnels aux angles décrits, et les ordonnées les espaces verticaux parcourus par la caisse, étaient très

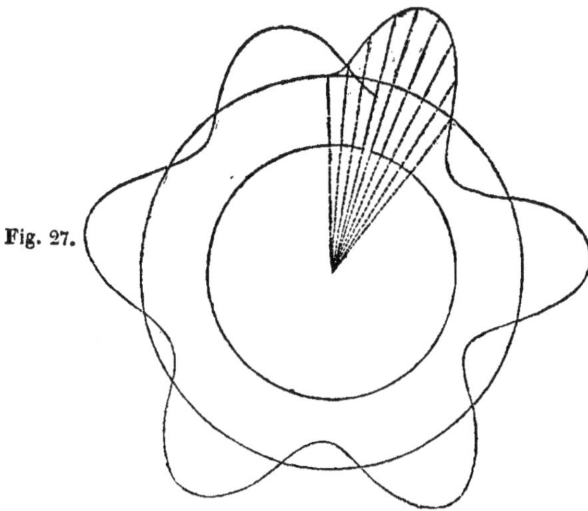

Fig. 27.

faciles et se trouvent reproduits dans la figure.

La courbe du mouvement étant d'abord convexe,

Fig. 28.

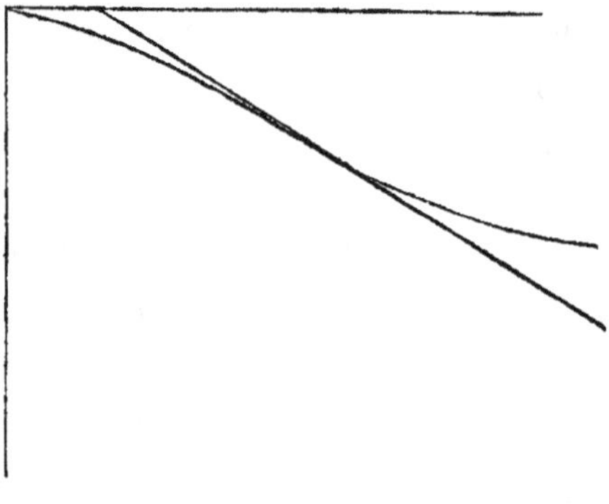

puis concave vers l'axe des abscisses, ce qui indiquait que le mouvement était d'abord accéléré, puis retardé (n. 11 et 12)., il est d'ailleurs évident que la vitesse qui est donnée par l'inclinaison des tangentes sur l'axe des abscisses atteint sa plus grande valeur au point d'inflexion, et le tracé permettait de déterminer cette valeur maximum correspondante à la fin de la compression ou du choc pour chaque expérience.

On avait donc d'abord comme donnée la masse M du corps choquant, sa vitesse d'arrivée sur le corps choqué due à la hauteur de chute, la masse M' du corps choqué, dont la vitesse initiale V' était nulle, et, par l'observation, la vitesse commune avec laquelle les deux corps marchaient après le choc.

Il était donc facile de comparer dans chaque cas les résultats de l'expérience à ceux de la théorie. Quelques unes de ces comparaisons sont reproduites ici

Expériences sur la transmission du mouvement par le choc d'un projectile sphérique tombant sur une caisse remplie de terre glaise ou contenant des pièces de bois.

Poids de la caisse et de sa suspension P.	Poids de la sphère p.	Poids total P+p.	Hauteur de chute de la sphère h.	Vitesse due à la hauteur de chute.	Vitesse communiquée à la caisse		Durée approximative de la transmission du mouvement.	
					d'après la théorie.	d'après l'expérience.		
Choc sur la terre glaise.								
kil.	kil.	kil.	m.	m.	m.	m.	$''$	
60.235		66.235	0.40	2.801	0.268	0.260	0.012	
	6.00							
61.095		67.095	0.50	3.135	0.280	0.285	0.020	Expériences faites avec de l'argile dont la résistance à la pénétration des projectiles à faible vitesse était de 29 677 kil. par mètre quarré.
			0.20	1.981	0.330	0.330	0.019	
60.235	11.988	72.223	0.30	2.426	0.403	0.400	0.021	
			0.40	2.801	0.465	0.462	0.024	
60.235	20.280	80.515	0.20	1.981	0.499	0.490	0.020	
67.025	6.000	73.025	0.20	1.981	0.163	0.165	0.063	Expériences faites avec de l'argile dont la résistance à la pénétration était de 1 689 kil. par mètre quarré.
67.025	20.025	87.305	0.20	1.981	0.463	0.440	0.072	
Choc sur du bois.								
21.950	11.988	33.938	0.20	1.981	0.694	0.660	0.0075	
21.950	11.988	33.938	0.30	2.426	0.850	0.840	0.0074	
21.950	20.280	42.230	0.10	1.400	0.672	0.690	0.0080	

On voit par les résultats consignés dans ce tableau que les vitesses sont, autant qu'on peut le vérifier avec de semblables moyens, les mêmes que celles que l'on déduit des considérations théoriques précédentes.

75. *Choc de deux corps élastiques.* — Si l'on suppose que les deux corps que l'on vient de considérer soient parfaitement élastiques, les effets de la compression seront d'abord les mêmes que dans le cas précédent, et à la fin de cette période le corps M aura perdu la vitesse $V-U$ ou la quantité de mouvement $M(V-U)$ et le corps M' aura gagné la vitesse $M'(U-V')$, et, ces quantités devant être égales, on aura encore pour la vitesse commune à la fin de la compression

$$U = \frac{MV + M'V'}{M + M'}.$$

Mais après l'instant de la plus grande compression les corps élastiques reviennent à leur forme primitive, et dans leur retour les ressorts moléculaires développent, **si** l'élasticité est parfaite, des efforts égaux à leur résistance à la compression, et par conséquent détruisent ou communiquent des quantités de mouvement égales à celles qu'ils avaient précédemment détruites ou communiquées. Il suit de là que dans ce débandement des ressorts moléculaires le corps M perdra encore une vitesse égale à $V-U$, et que sa vitesse finale sera

$$V - 2(V-U) = 2U - V,$$

et que le corps M' recevra un nouvel accroissement de vitesse égale à $U-V'$, et aura ainsi une vitesse finale égale à

$$V' + 2(U-V') = 2U - V'.$$

Si le corps M′ était au repos à l'origine, en le supposant parfaitement élastique il recevrait donc une vitesse

$$2U = \frac{2\,MV}{M + M'},$$

c'est-à-dire double de celle qui eût été communiquée à un corps mou dans les mêmes circonstances.

76. *Observations sur les résultats précédents.* — Les raisonnements qui précèdent, relativement aux corps mous ou élastiques, supposent qu'il existe des corps dénués de toute élasticité et d'autres doués d'une élasticité parfaite. Or ni l'une ni l'autre de ces hypothèses n'est exacte, et, selon les circonstances dans lesquelles il est placé, un corps peut se comporter comme s'il était dénué de toute élasticité ou comme s'il possédait une élasticité partielle. De même tel corps qui se comporte dans certains cas et sous certains rapports comme s'il était parfaitement élastique ne le paraîtra plus que partiellement dans d'autres cas.

J'en citerai comme exemples les résultats de quelques expériences analogues aux précédentes et qui ont été exécutées en plaçant au fond de la caisse mobile une plaque de fonte sur laquelle tombait le corps sphérique choquant.

Expériences sur la transmission du mouvement par le choc d'un projectile sphérique tombant sur une plaque de fonte.

| Poids de la caisse et de sa suspension P. | Poids de la sphère de fonte p. | Poids total $P+p$. | Hauteur de chute de la sphère h. | Vitesse due à cette hauteur. | Vitesse communiquée à la caisse | | Durée approximative de la transmission. |
					d'après la théorie $2U$.	d'après l'expérience.	
kil.	kil.	kil.	m.	m.	m.	m.	t.
61.215	6.000	67.215	0.40	2.801	0.500	0.500	0.0085
61.215	6.000	67.215	0.50	3.135	0.560	0.570	0.0100
61.215	6.000	67.215	0.60	3.435	0.635	0.626	0.0080
61.215	11.988	73.203	0.40	2.801	0.917	0.910	0.0065
61.215	11.988	73.203	0.50	3.135	1.026	1.050	0.0075

Les résultats consignés dans ce tableau montrent que la plaque de fonte choquée s'est comportée comme un corps parfaitement élastique. Mais il y a lieu de faire néanmoins ici quelques remarques importantes.

Le projectile, qui, s'il avait agi comme un corps parfaitement élastique, ainsi que les parties de la plaque avec lesquelles il se trouvait en contact immédiat, aurait dû remonter de la hauteur correspondante à la vitesse $2U-V$, ne revenait pas à beaucoup près aussi haut. Cela prouve que l'intensité du choc dans ces expériences avait altéré en grande partie l'élasticité des ressorts moléculaires des parties en contact, tandis que l'élasticité de flexion ou de forme générale de la plaque n'avait pas été altérée. On voit par là que, bien que les corps doués d'une certaine élasticité reprennent en apparence leur

forme primitive, il y a dans presque tous les cas une
perte notable de travail et de force vive produite par le
choc, par suite de l'altération plus ou moins complète
de l'élasticité.

77. *Quantité de mouvement communiquée par une
force constante*. — Lorsque la force est constante, on
a $FT = MV$, d'où $F = \dfrac{MV}{T}$. Cette expression montre que
l'effort nécessaire pour imprimer ou détruire une quan-
ité de mouvement donnée MV est d'autant plus grand
que le temps employé est plus court, et comme l'action
réciproque des corps est d'autant plus rapide que les
chemins parcourus, que les compressions, les flexions,
les pénétrations, sont moindres pour une même quantité
de mouvement détruite, cela explique comment le choc
des corps durs, la transmission ou la destruction des
mouvements par des corps peu flexibles, compressibles
ou extensibles, donnent lieu à de si grands efforts, et par
conséquent à des ruptures, à des accidents, et comment
à l'inverse l'interposition de corps mous, compressibles, diminue de beaucoup l'intensité des efforts et leurs
conséquences.

On voit de plus par l'expression $F = \dfrac{MV}{T}$ qu'une
vitesse finie V ne pourrait être communiquée dans un
temps nul à une masse M que par un effort infini, ce
qui montre la fausseté de cette hypothèse, trop explicitement admise quelquefois dans l'enseignement de la
mécanique rationnelle, de la transmission instantanée
du mouvement par des forces auxquelles on est obligé
de donner alors un nom et de supposer une nature spé-

ciale en les appelant *forces de percussion*. Rien de semblable ne se passe réellement dans la nature aussi instantanément : les quantités de mouvement ne sont transmises et détruites que dans des temps plus ou moins longs, parfois imperceptibles à nos sens et à nos moyens d'observation, mais jamais nuls. La notion des forces de percussion est donc fausse par elle-même, si on l'entend comme nous venons de l'indiquer.

Des exemples rendront plus sensible ce que nous venons de dire.

S'il s'agit de la quantité de mouvement communiquée à un boulet de 24 pesant 12 kil. et auquel la poudre imprime une vitesse de 500^m en 1″, on a

$$M = \frac{P}{g} = \frac{12^k}{9.81} = 1.223, \quad V = 500^m;$$
$$FT = 1.223 \times 500 = 611.5.$$

Si l'on suppose successivement

$$T = 1″.00, \ 0″.50, \ 0″.10, \ 0″.01,$$

on a

$$F = 611^k.5, \ 1\,223^k, \ 6\,115^k, \ 61\,150^k.$$

Cette vitesse étant communiquée dans moins de $\frac{1}{100}$ de seconde, cela donne une idée des efforts énormes développés par la poudre, quoique nous n'ayons considéré qu'un effort moyen constant, et par conséquent bien inférieur à la valeur maximum de l'effort réel.

Lorsque les chevaux d'une diligence pesant 4 500 kilogrammes la mettent en mouvement pour lui imprimer une vitesse de 10 000 mètres à l'heure, ou

$$\frac{10\,000^m}{3\,600″} = 2^m.777 \text{ en } 1',$$

la quantité de mouvement à communiquer est

$$\frac{4\,500}{9.81} \times 2^{\mathrm{m}}.777 = 1\,273.81.$$

On aura donc

$$FT = 1\,273.81.$$

Si l'on suppose que chacun des cinq chevaux attelés exerce pendant quelque temps un effort moyen de 100 kilogrammes, on aura

$$T = \frac{1\,273.81}{500} = 2''.55,$$

en négligeant la résistance du sol et le frottement des boîtes de roues, qui pourraient exiger dans les cas ordinaires un effort particulier de

$$\frac{4\,500}{30} = 150^{\mathrm{k}}, \text{ ou de 30 kil. par cheval.}$$

On voit donc que dans ce cas, pour pouvoir imprimer cette vitesse en $2''.54$, chaque cheval devrait développer un effort moyen de 130 kilogrammes environ, ce qui est plus que quadruple de l'effort moyen à exercer une fois que la vitesse serait acquise.

C'est ici le lieu d'observer encore que dans l'exemple ci-dessus la rupture des traits, des palonniers, les blessures au poitrail, les efforts de jarrets, proviennent de la trop grande rapidité avec laquelle la quantité de mouvement que les chevaux impriment à leur masse propre est détruite par la résistance, la réaction de l'inertie du véhicule ; ce qui explique la nécessité de faire tendre d'avance les traits, et d'avertir, d'exciter doucement les chevaux de la voix.

Des effets analogues se produisent dans la mise en marche et dans le ralentissement du mouvement des convois de chemins de fer, et dans la recherche des moyens d'arrêter promptement ces masses énormes, il ne faut pas perdre de vue que des changements trop rapides de vitesse sont dangereux pour les voyageurs.

Enfin les moyens d'embrayage ou de communication rapide du mouvement à employer dans les machines doivent être disposés ou proportionnés d'après ces notions.

Les jongleurs, les clowns, les hercules, dans leurs tours d'adresse ou de force, sont conduits par l'observation à des pratiques conformes à ce que nous venons d'indiquer, et l'on ne les voit jamais soulever, lancer ou arrêter des masses un peu lourdes ou faire leurs sauts d'une manière brusque, mais toujours graduellement, en augmentant la durée et les chemins parcourus, afin de diminuer les efforts.

78. *Observation sur l'emploi de la quantité de mouvement.* — Lorsque l'on connaît le produit de la masse du corps et de la vitesse qui lui a été communiquée ou enlevée, l'on a une mesure de l'effet produit par la force pendant la durée de son action ; mais on voit que cette mesure ne peut être prise pour terme de comparaison que pour les cas analogues où des vitesses sont réellement communiquées ou détruites par la force, et il ne s'ensuit pas que le produit FT de la force par la durée de son action, égal, quand il y a changement dans l'état de mouvement, à la quantité de mouvement communiquée ou détruite, puisse servir toujours de mesure à l'effet des forces, comme on l'a quelquefois admis pour quelques instruments et dans certains ouvrages. En effet il est facile de voir qu'un effort pourrait durer fort long-temps sans produire d'effet mécanique. Ainsi les chevaux qui tirent sur une voiture embourbée sans la faire avancer développent des efforts considérables, qui, multipliés par la durée de leur action, donneraient un produit énorme, sans cependant qu'il en résulte aucun effet utile, aucun travail mécanique, et rien autre chose que la fatigue et l'épuisement du moteur animé.

Prenons pour autre exemple le tirage d'une charrue, qui dans une terre très forte exige un effort moyen total de 360 kilogrammes. Admettons que, le sillon ayant 120 mètres de longueur, les chevaux mettent dans un cas $100''$ et dans l'autre $200''$ à le tracer. On aura pour le premier cas $FT = 360^k \times 100'' = 36\,000$, et pour le second $FT = 360^k \times 200'' = 72\,000$, et cependant, dans un cas comme dans l'autre, ils auront fait le même travail. Un instrument qui donnerait le produit des efforts par les temps ou par leur durée ne conduirait donc nullement à une appréciation exacte des effets mécaniques produits.

La véritable mesure de ces effets, c'est, comme nous l'avons dit, le produit de l'effort exercé par le chemin parcouru dans sa direction propre.

79. *Observation importante.* — Nous ferons encore observer que ce n'est que dans le cas d'un effort constant agissant pendant un temps $T = 1''$ que l'on peut prendre le produit MV pour la mesure de l'effort exercé F, et qu'alors on a

$$F = MV = \frac{P}{g}\,V \text{ ou } F : P :: V : g,$$

proportion qui résulte directement du principe général énoncé au n° 68. Mais, quand il s'agit d'efforts variables, le même mode de mesure ne peut être appliqué pour des temps finis, car des forces qui varient suivant des lois très différentes peuvent dans le même temps communiquer des quantités de mouvement égales soit à un même corps, soit à des corps différents. La formule $F = MV$ ne donnerait alors que la valeur d'un effort moyen constant capable de communiquer dans le même temps la même quantité de mouvement.

VIIIe LEÇON.

80. *Détermination de l'intensité des forces par l'observation de la loi des mouvements qu'elles produisent.* — La formule

$$F = \frac{P}{g} \cdot \frac{v}{t}$$

montre que, si par l'observation de la loi du mouvement on connaissait pour chaque instant la valeur du rapport $\frac{v}{t}$, on aurait celle de l'effort F correspondant. Si, par exemple, l'expérience apprend que le mouvement est uniformément accéléré, on a

$$E = \frac{1}{2} V_1 T^2,$$

d'où

$$V_1 = \frac{V}{T} = \frac{v}{t} = \frac{2E}{T^2}.$$

Par conséquent

$$F = \frac{P}{g} \cdot \frac{2E}{T^2}.$$

S'il s'agit, je suppose, d'un traîneau pesant 1 000 kilogrammes, et qui parcoure d'un mouvement uniformément accéléré un espace de 10 mètres en 2″, on a

$$F = \frac{1\,000}{9.81} \times \frac{2 \times 10}{4} = 102 \times 5 = 510 \text{ kilogrammes}$$

pour la valeur de la force capable de lui communiquer ce mouvement accéléré.

81. *Moyens employés pour déterminer les lois du mou*

vement des corps. — On se sert, selon les cas, de différents appareils ou instruments pour observer les lois du mouvement des corps. Quand ils marchent lentement, on emploie des montres, des pendules, et on note les temps correspondants à des espaces donnés. Mais ce moyen ne fournit que quelques valeurs correspondantes du temps et des espaces, et ne peut être mis en usage avec précision pour les mouvements rapides.

82. *Appareil du colonel Beaufoy.* — Cet expérimentateur s'est servi, dans ses recherches sur la résistance de l'eau, d'un pendule qui traçait à chaque oscillation une marque sur une règle dont le mouvement était dans un rapport connu avec celui qu'il voulait observer, et comme dans ses expériences le mouvement devenait bientôt uniforme, il obtenait facilement la vitesse de ce mouvement.

83. *Appareil d'Eytelwein.*—Ce savant ingénieur prussien s'est servi pour ses expériences sur le bélier hydraulique d'une bande de papier sans fin (pl. III, fig. 6 et 7), enroulée sur deux cylindres, et à laquelle on communiquait à la main un mouvement régulier. Les longueurs de papier passées étaient donc à peu près proportionnelles au temps. Un style fixé à la tige des soupapes du bélier traçait sur cette bande une courbe dont les ordonnées étaient les espaces parcourus. M. Eytelwein a pu, à l'aide de cet appareil imparfait, déterminer à peu près les intervalles de temps pendant lesquels les soupapes du bélier hydraulique étaient ouvertes ou fermées. Mais on conçoit que le mouvement communiqué à la main ne pouvait être uniforme, et que ce dispositif ne saurait donner de résultats bien exacts.

84. *Nouveaux appareils.* — Pour les expériences exécutées à Metz sur le frottement et pour d'autres recherches, M. Poncelet m'a indiqué et j'ai employé la combinaison d'un mouvement uniforme connu avec le mouvement dont je voulais déterminer la loi. J'ai depuis modifié la disposition de ces appareils, et celui qui existe au Conservatoire des arts et métiers est établi de la manière suivante (pl. III, fig. 8 et 9) : Un plateau de $0^m.32$ de diamètre, parfaitement plan, reçoit un mouvement uniforme, au moyen d'un poids suspendu à une corde enroulée sur un premier treuil. Le mouvement de ce treuil se transmet à un second arbre par une roue et un pignon dont les nombres de dents sont entre eux comme 6 : 1. Une roue montée sur ce second arbre conduit un second pignon fixé sur l'arbre du plateau. Cette roue et son pignon ont aussi des nombres de dents dans le rapport de 6 : 1 ; de sorte que le plateau fait 36 tours pour un tour du treuil. Sur l'arbre du plateau est un volant à 4 ailettes de $0^m.10$ de côté, qui sert à régulariser le mouvement par la résistance que l'air lui oppose, résistance qui, entre des limites assez étendues, croît, comme on sait, à peu près proportionnellement au quarré de la vitesse.

Il résulte de cette disposition qu'au bout d'un temps assez court le mouvement du plateau, dont le centre de gravité, ainsi que celui des autres pièces, est sur l'axe de rotation, devient uniforme, ainsi qu'il est facile de s'en assurer en comptant à plusieurs reprises les nombres de tours faits par le second arbre, qui porte à cet effet une aiguille indicatrice.

Vis-à-vis du plateau, et parallèlement à sa surface, est une poulie dont le mouvement est en rapport connu avec celui que l'on veut observer, soit directement, soit indirectement. L'axe de cette poulie porte un petit bras sur lequel est monté un style, formé ordinairement par un pinceau imbibé d'encre de Chine.

Au moyen de dispositions simples on assure le parallélisme du cercle décrit par la pointe du style et de la surface du plateau, sur laquelle on fixe une feuille de papier. Le style peut, avant l'expérience, être éloigné de la feuille de papier d'un demi-millimètre environ, et mis en contact avec elle à l'instant même où commence le mouvement.

On conçoit facilement d'après cette description succincte (1) que, le plateau tournant d'un mouvement uniforme et le style d'un mouvement inconnu, il résulte de ces deux mouvements simultanés une trace laissée sur la feuille de papier, qui, dépendant de cette simultanéité de mouvement, doit par son relèvement donner la relation des angles décrits par la poulie ou des espaces parcourus par le corps observé et des angles décrits par le plateau ou des temps correspondants.

C'est ce qu'il est facile de voir en observant que, si le plateau était au repos, le style décrirait à sa surface un cercle d'un rayon égal à sa distance à l'axe A de

____

(1) Voir pour plus de détails la description des appareils chronométriques, insérée au compte-rendu du congrès scientifique tenu à Metz en 1837.

la poulie; tandis qu'au contraire, si le style était au
repos, et le plateau en mouvement, celui-ci porterait pour trace de son contact avec le pinceau un cercle ayant pour centre celui du plateau, et pour rayon la distance du style à ce centre. Cela posé, soit o l'origine de la courbe tracée pendant

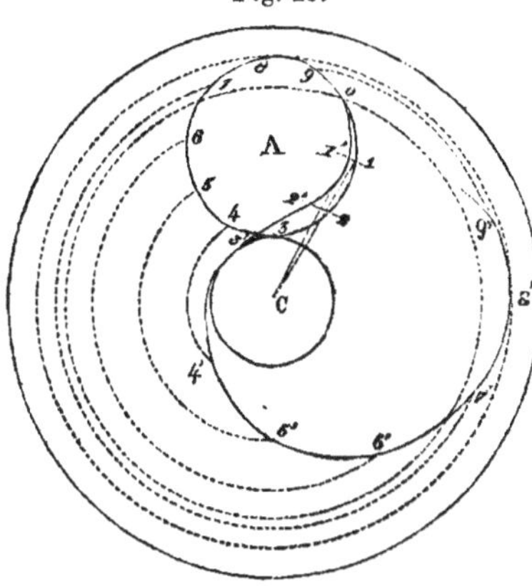

Fig. 29.

l'expérience; par ce point, faisons passer un cercle de
rayon Ao égal à la distance du style à l'axe de la poulie, et dont le centre soit à la distance connue AC de
celui du plateau, et partageons ce cercle en dix parties
égales aux points 0, 1, 2, 3...., 9.

Par chacun de ces points menons des circonférences
de cercle ayant leur centre en C et pour rayons les distances C0, C1, C2, etc. Ces cercles couperont la courbe en des points $1'$, $2'$, $3'$, etc. Or il est évident que le
point $1'$ résulte des mouvements simultanés du style de 0
en 1, et du plateau décrivant l'angle $1C1'$; par conséquent l'arc 01 donne l'angle décrit par la poulie ou l'espace parcouru par le corps, et l'angle $1C1'$ fournit la
mesure du temps correspondant. On peut donc successivement relever ces espaces et en former une table qui
représente la loi du mouvement.

Prenant ensuite les espaces parcourus pour des abscisses et les temps pour des ordonnées, on aura une
courbe à coordonnées rectangulaires, dont on étudiera

la nature pour en déduire la loi du mouvement observé.

Si, par exemple, les abscisses ou les espaces parcourus sont proportionnels aux quarrés des temps ou
des ordonnées, la courbe sera une parabole, et le mouvement sera uniformément accéléré. Si la courbe dégénère soit dès l'origine, soit après un certain temps, en
une ligne droite, le mouvement étudié est uniforme à
partir de cet instant.

Lorsqu'il s'agit de mouvements très rapides pour lesquels des styles chargés d'encre ne conviendraient pas, on
peut employer des styles métalliques traçant sur des
couches de matière molle, telle que de la cire mêlée de
suif. C'est ainsi que l'on a pu déterminer facilement la
loi du mouvement d'un chien de fusil, quoique le mouvement s'accomplisse à peu près dans $\frac{1}{100}$ de seconde.

On commence par tracer sur le plateau au repos
l'arc de cercle décrit par le style fixé à la tête du chien,
et formé d'une aiguille légère d'acier ; ce qui sert à déterminer sur le plateau un cercle de rayon CA sur le

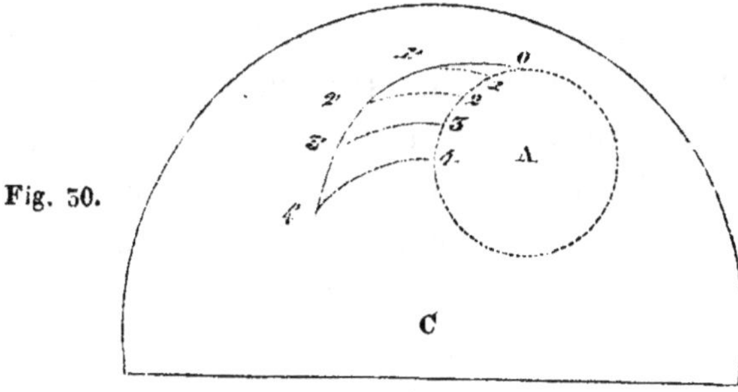

Fig. 50.

quel se projette le centre de la noix. Cela fait, on met le
plateau en mouvement, et, *quand on a déterminé par
l'observation directe la vitesse de ce mouvement uniforme,*

on lâche l'aiguille, puis le chien, et l'on obtient une courbe 0, 1', 2', 3', 4'. L'origine *o* de cette courbe peut se déterminer d'abord à peu près exactement à vue par l'examen de son point de tangence avec l'arc de cercle que le style a tracé avant le départ du chien. On trace le cercle décrit par la pointe et passant par cette origine *o*. Cet arc se termine à la circonférence que le style a tracée quand le chien s'est arrêté. On le partage en un nombre quelconque de parties, ou plutôt à partir du point *o* on prend des arcs 01, 02, égaux à un nombre donné de degrés, et correspondant par conséquent à des angles connus décrits par le chien. Puis du point C comme centre, et des rayons C1, C2, C3, etc., on décrit des arcs de cercle qui rencontrent la courbe en 1', 2', 3', etc. Enfin les angles 1C1', 2C2', 3C3', donnent les temps correspondants. On peut alors comparer les angles décrits par le chien avec les temps employés. On trouve ainsi, par exemple, pour le fusil d'infanterie à percussion, modèle de 1840, les résultats suivants :

Arcs décrits par le centre de la fraisure . . .	m 0.0055	m 0.0106	m 0.0169	m 0.0213	m 0.0266	m 0.0319	m 0.0373	m 0.0426	m 0.0479	m 0.0520
Temps correspondants . .	" 0.00406	" 0.00604	" 0.00754	" 0.00804	" 0.00936	" 0.01050	" 0.01126	" 0.01190	" 0.01272	" 0.01318
Rapp. des quarrés des temps aux arcs décrits	0.00510	0.00343	0.00355	0.00351	0.00330	0.00346	0.00340	0.00334	0.00338	0.00355

Moyenne. 0.00341

En répétant trois fois l'expérience on a trouvé le rapport moyen

$$\frac{T^2}{E} = 0.00\,353 = \frac{2}{V},$$

et, l'arc total étant de $0^m.052$ on trouve $T = 0''.01355$, et par suite

$$V_{,} = \frac{2}{0.00\,353},$$

et enfin

$$V = V_{,}T = \frac{2 \times 0.01\,355}{0.00\,353} = 7^m.68$$

pour la vitesse du style. Ce style était à $0^m.061$ de l'axe de la noix, tandis que le centre de la fraisure n'est qu'à $0^m.0\,602$, par conséquent la vitesse du chien est

$$\frac{0.0\,602}{0.061} \times 7^m.68 = 7^m.58 \text{ en } 1''.$$

On voit par cet exemple que l'on a pu déterminer un grand nombre de points de la courbe qui représente la loi du mouvement, et comme le rapport des espaces parcourus aux quarrés des temps est constant, il s'ensnit que cette courbe est une parabole ou que le mouvement du chien est uniformément accéléré. Ainsi la force qui le produit est constante, et la forme de la courbe de la noix ainsi que la résistance du ressort à la flexion sont tellement combinées, que l'effort que le pouce doit exercer pour armer le chien perpendiculairement à sa crête est constant. Cela montre comment l'art de l'ouvrier peut quelquefois parvenir à la solution de problèmes de mécanique assez difficiles.

On peut étendre l'usage de ces appareils à l'observation de mouvements beaucoup plus rapides encore, car dans les expériences sur le chien du fusil, le plateau ne faisant que 6 tours en $1''$, l'on pourrait facilement en obtenir 10. Alors la circonférence de ce plateau, qui a $1^m.00$ de développement environ, parcourrait 10 000 millim. en $1''$; et, comme, à l'aide de l'instrument à relever les courbes, on peut apprécier facilement $\frac{1}{5}$ de millimètre, on pourrait donc obtenir les temps à $\frac{1}{50\,000}$ de seconde près.

Il serait même facile d'aller plus loin en augmentant les dimensions du plateau.

Si de plus on combine le mouvement de ce plateau avec l'électricité on pourra peut-être parvenir à mesurer la durée de certains phénomènes si rapides, que jusque ici on n'a pu les étudier.

De ce nombre, par exemple, serait la loi du mouvement des projectiles dans l'air, pour laquelle des essais ont déjà été tentés, mais encore avec peu de succès, parce qu'au lieu d'un appareil à mouvement continu on a employé des instruments chronométriques à mouvement oscillatoire ou intermittent.

85. *Plateaux en zinc.* — La feuille de papier qui dans l'appareil ordinaire reçoit les traces du style est collée mouillée par ses bords sur une plaque de zinc, et celle-ci se fixe sur le plateau. Cette disposition présente l'avantage d'éviter les inconvénients du retrait plus ou moins inégal du papier et de faciliter beaucoup le relèvement.

86. *Appareil à relever les courbes.* — La feuille de zinc séparée du plateau se place sur l'instrument qui sert au relèvement des courbes et s'y trouve de suite exactement centrée. La circonférence de cet instrument est divisée en mille parties. Une alidade mobile autour de l'axe porte sur sa longueur un disque armé de dix pointes, dont les extrémités partagent en dix parties égales la circonférence que le style aurait décrite sur le plateau au repos. On desserre la vis de pression qui fixe ce disque; on le fait tourner sur lui-même de manière que l'une de ses pointes corresponde à l'origine de la courbe. Cela fait, on serre la vis de pression, et le disque devient solidaire avec l'alidade. Dès lors il est évident que chacune des dix pointes, dans le mouvement de l'alidade, décrira le cercle auxiliaire 11′, 22′, 33′, etc. 99′, et qu'en faisant tourner l'alidade de façon que successivement toutes les pointes rencontrent la courbe, et lisant les angles décrits par cette alidade et correspondant à chaque pointe, on aura les temps qui sont proportionnels à ces angles et les angles décrits par la poulie du style, par les numéros d'ordre des pointes.

Cet instrument, dû à M. le capitaine d'artillerie Didion, est à la fois d'une grande précision et d'une grande utilité dans toutes les opérations de ce genre et les facilite beaucoup.

IXᵉ LEÇON.

87. *Mesure du travail mécanique développé par les forces motrices ou d'inertie dans le mouvement varié.* — On a vu précédemment que la force motrice et la réaction développée par l'inertie d'une masse M animée d'un mouvement de transport parallèle et varié avait pour mesure commune l'expression

$$F = \frac{P}{g} \cdot \frac{v}{t} = M \cdot \frac{v}{t}.$$

Par conséquent, en appelant e le chemin élémentaire parcouru dans l'élément du temps t, on aura pour le travail élémentaire de la force F

$$Fe = M \cdot \frac{v}{t} \cdot e.$$

On remarquera que, si le mouvement s'accélère, le chemin parcouru par le point d'application de la force d'inertie, qui agit alors comme résistance, est décrit en sens contraire de cette force, qui développe alors *un travail résistant* égal au travail moteur de la force F extérieure. A l'inverse le travail de l'inertie devient un *travail moteur* si le mouvement tend à se retarder, et il est égal à celui de la force F qui produit le ralentissement.

On se rappellera que dans le mouvement varié la vitesse V à un instant quelconque est $V = \frac{e}{t}$, de sorte que l'expression ci-dessus devient $Fe = M.V.v$.

Le travail total développé par la force motrice pour imprimer à tous les éléments du corps de poids P ou

de masse $\dfrac{P}{g} = M$ avec certaine vitesse commune V, à
partir du repos, est donc la somme de toutes les quantités de travail élé-
mentaires sembla-
bles. Or, si l'on
porte les vitesses
sur une ligne d'ab-
scisses, et qu'on é-
lève à chaque point
des perpendiculai-
res égales aux ab-
scisses ou aux vi-
tesses, il est clair

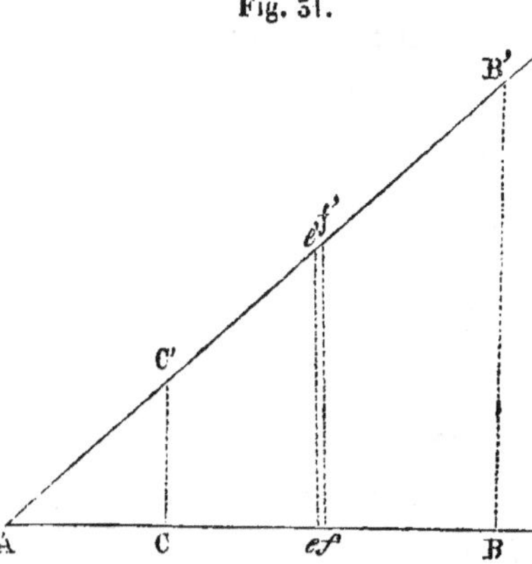

Fig. 51.

que, pour un accroissement élémentaire $v = ef$ de la
vitesse, le produit Vv sera représenté par l'aire du petit
trapèze $ee'f'f$, et que la somme de tous les produits semblables, depuis le départ où $V = o$ jusqu'à $V = AB = BB'$,
sera représentée par

$$\tfrac{1}{2}\, AB \times BB' = \tfrac{1}{2}\, V^2,$$

de sorte que le travail total développé par la force motrice ou le travail développé par la force d'inertie sera,
en l'appelant T :

$$T = \tfrac{1}{2}\, MV^2 = \tfrac{1}{2}\, \dfrac{P}{g} \cdot V^2.$$

88. *Force vive.*—Ce produit de la masse par le quarré
de la vitesse a reçu des géomètres le nom de *force vive*,
expression de convention à laquelle il ne faut ajouter
aucun sens métaphysique.

Il résulte donc de ce qui précède que *le travail développé par une force qui communique ou enlève à tous les éléments d'un corps de masse* $M = \dfrac{P}{g}$ *une vitesse commune* V *est égal à la moitié de la force vive correspondante à cette vitesse.*

Si le corps était animé d'une certaine vitesse commune V' ou d'une force vive MV'^2 au moment où la force commence à modifier son mouvement, il est évident que la force ne lui aurait communiqué, quand sa vitesse serait devenue V ou sa force vive MV^2, que la différence ou l'excès de la force vive qu'il possède à la fin sur celle qu'il avait à l'origine de son action, savoir $MV^2 - MV'^2$ s'il y avait eu accélération, ou $MV'^2 - MV^2$ s'il y avait eu retard, et que le travail correspondant, représenté alors par la différence des triangles ABB' et ACC', serait égal à

$$\frac{1}{2}(MV^2 - MV'^2),$$

ou

$$\frac{1}{2}(MV'^2 - MV^2),$$

selon l'un ou l'autre cas.

Ainsi, en général, *le travail d'une force qui accélère ou retarde le mouvement d'un corps qui se meut dans sa direction propre est égal à la moitié de la force vive qu'elle a communiquée ou enlevée à ce corps.*

Ce principe a reçu le nom de *principe des forces vives,* et sa généralisation sert de base à toute la mécanique appliquée.

Exemple. *Action des gaz de la poudre sur les projectiles.* — L'effort que les gaz produits dans la combustion de la poudre exercent sur les projectiles varie à chaque instant et n'a pu jusque ici être mesuré par aucun moyen direct, et cependant le travail total qu'ils développent peut se déduire du principe précédent. Supposons, par exemple, qu'un boulet de 24, pesant 12 kilogrammes, ait reçu d'une charge de poudre une vitesse de 500^m en $1''$, sa force vive sera

$$\frac{12.}{9.81} \times \overline{500}^2,$$

le travail développé par les gaz sera

$$\frac{1}{2} \cdot \frac{12^{kil}}{9.81} \times \overline{500}^2 = 152\,900^{km}.$$

La longueur d'âme parcourue par le boulet étant d'environ $2^m.55$ au plus, l'effort moyen est

$$\frac{152\,900^{km}}{2^m.55} = 59\,961^{kil}.$$

La surface du boulet est

$$\frac{\overline{0.149}^2}{1.273} = 0^{mq}.0\,175.$$

La pression par centimètre quarré est donc

$$\frac{59\,961}{175} = 342^k.6,$$

et comme la pression d'une atmosphère équivaut à $1^k.033$ par centimètre, il s'ensuit que cet effort moyen correspond à une pression de

$$\frac{342^k.6}{1.033} = 331^{atm}.6.$$

89. *Consommation et restitution de travail par l'inertie.* — Il résulte de ce qui précède que pour communiquer à un corps une vitesse quelconque ou une certaine

force vive il faut développer une quantité de travail égale à la moitié de cette force vive, et que réciproquement, si le corps perd une partie ou la totalité de sa force vive, il développe, en vertu de son inertie, un travail qui a encore pour mesure la moitié de la force vive détruite.

On voit par là que le travail moteur se transforme en force vive communiquée dans le premier cas, et que dans le second la force vive se transforme en travail résistant.

90. *Moutons à enfoncer les pilots, à découper.* — C'est ainsi, par exemple, que dans le battage des pilots, le travail employé à élever à une hauteur H un mouton d'un poids P se transforme dans sa descente en une force vive $\frac{P}{g} V^2 = 2PH$. Puis, lorsque le mouton atteint la tête du pilot, il développe, en vertu de son inertie, des efforts qui compriment cette tête, surmontent la résistance du sol à l'enfoncement, et produisent un travail utile correspondant.

Dans le percement, le découpage des métaux au mouton, la résistance vaincue est celle que le métal oppose à la séparation de ses molécules, et l'épaisseur de la pièce est le chemin parcouru.

L'exemple déjà cité de l'action de la poudre sur les projectiles nous montre d'abord le travail transformé en force vive, puis, pendant la pénétration des projectiles dans un milieu quelconque, la force vive employée à détruire le travail résistant du milieu.

91. *Dans les chocs il y a toujours perte de travail.* —

Les chocs ayant toujours, ou du moins presque toujours, pour effet d'altérer plus ou moins l'élasticité des parties en contact, il y a un certain travail consommé pendant cette altération et qui n'est pas restitué. Ils occasionnent donc une perte de travail.

92. *Les masses en mouvement peuvent être regardées comme des réservoirs de travail*. — Il suit de tout ce qui précède que les corps, en vertu de leur inertie, absorbent, *emmagasinent* du travail mécanique, quand les forces sont employées à leur communiquer de la vitesse et de la force vive, et transmettent, restituent au contraire du travail, quand leur mouvement se retarde. Sous ce rapport on peut les regarder comme des réservoirs de travail mécanique, qui se remplissent pendant l'accélération, et se vident pendant le retard, absolument à la manière des réservoirs des moteurs hydrauliques.

93. *Cas du mouvement périodique*. — Si le mouvement du corps est périodiquement varié, c'est-à-dire si sa vitesse croît et décroît successivement de quantités égales, il est évident, d'après ce qui précède, que le travail consommé dans la période d'accélération est égal au travail résistant pendant le retard, et qu'alors le travail total développé par l'inertie est nul. Dès lors, si l'on s'occupe de ce qui se passe dans des périodes successives, où la vitesse et la force vive redeviennent sans cesse les mêmes à la fin de chaque période, il n'est pas nécessaire de chercher à tenir compte de la force vive.

Nous verrons plus tard la grande importance de l'inertie dans le jeu des machines.

Nous n'avons considéré jusque ici que des corps animés d'un seul mouvement et sollicités par une seule force, et avant d'étendre les théorèmes précédents, il est nécessaire d'examiner ce qui se passe lorsqu'un corps est animé de plusieurs mouvements ou sollicité par plusieurs forces.

94. *Composition et décomposition des mouvements et des vitesses.* — Lorsqu'un corps se meut de A en C d'un mouvement rectiligne, chacune de ses positions successives A et C peut être rapportée à deux lignes ou axes Ox et Oy menés par un point quelconque O, et dont le plan comprenne le chemin AC. Si

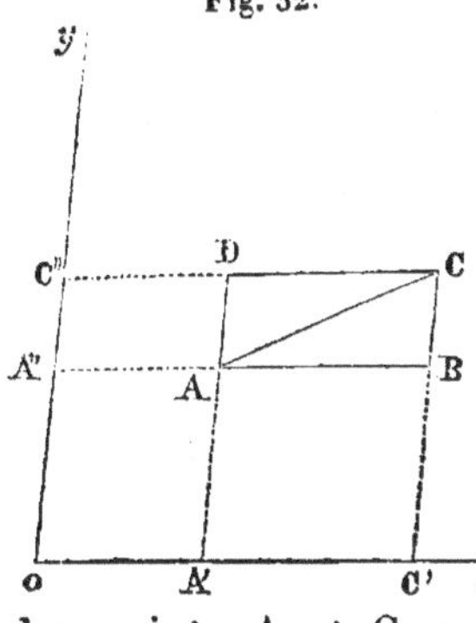

Fig. 52.

des points A et C on mène les lignes AA′, AA″ et CC′, CC″, parallèles à Ox et Oy, les points A′ et C′, A″ et C″, seront les *projections* de A et de C sur les axes Ox et Oy, et, dans le déplacement de A vers C, ces projections prendront sur les axes Ox et Oy des positions simultanées et correspondantes (1), toujours déterminées par des coordonnées semblables. On voit fa-

(1) En disant que les positions successives des projections A′ et A″ sont simultanées, on entend qu'elles sont occupées aux mêmes instants et que leurs mouvements sont soumis à la même loi, de sorte que des parties proportionnelles de chacune des longueurs OC′ et OC″ sont parcourues dans des temps égaux.

cilement par la figure que, dans ce déplacement, pendant que le corps aura parcouru la ligne AC, les projections A' et A'' auront parcouru les côtés du parallélogramme ABCD. Ces chemins AB et AD sont nommés les *chemins relatifs* parcourus par le point A ou par le corps dans le sens des axes Ox et Oy.

On voit donc *qu'un chemin rectiligne parcouru par un point peut toujours se décomposer en deux autres estimés ou projetés sur deux directions quelconques, et que ces derniers sont les côtés d'un parallélogramme qui a pour diagonale le véritable chemin parcouru.* On dit d'après cela que AC est le chemin résultant, AB et AD les chemins composants.

La décomposition du chemin résultant en deux autres peut se faire d'une infinité de manières, attendu que la direction des axes est arbitraire et peut être choisie selon le besoin de la question ; mais quand les chemins composants sont donnés, le chemin résultant est déterminé.

95. *Composition des vitesses.* — Si le mouvement est uniforme, les vitesses étant proportionnelles aux chemins parcourus dans un même temps, on voit que toute vitesse représentée par AC peut se décomposer en deux autres, suivant deux directions données, et qui auront pour mesure les côtés du parallélogramme construit sur la vitesse résultante comme diagonale, et ses côtés parallèles aux directions données.

Réciproquement, *la vitesse résultante de deux vitesses relatives données sera mesurée par la diagonale du parallélogramme construit sur les vitesses composantes données.*

96. *Mouvement varié.* — Tout ce que l'on vient de dire, étant indépendant de la grandeur absolue des chemins et des vitesses, reste encore vrai quand ils deviennent infiniment petits.

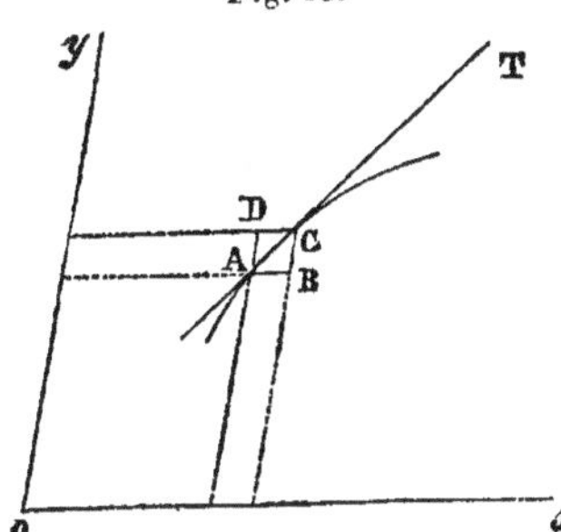

Fig. 55.

Ainsi, dans le *mouvement curviligne*, un élément de chemin infiniment petit AC peut de même se décomposer en deux autres chemins relatifs infiniment petits, parcourus parallèlement à deux axes quelconques donnés dans le même plan ; et réciproquement, si l'on connaissait les chemins élémentaires relatifs AB et AD parcourus dans l'élément de temps, dans le sens des axes Ox et Oy, on en déduirait le chemin élémentaire absolu AC parcouru par le corps.

On remarquera que ce chemin élémentaire absolu AC est l'élément de la courbe, dont le prolongement donne la tangente AT au point A, et comme sa direction dépend du rapport des chemins relatifs AB et AD, et non pas de leur grandeur, il s'ensuit que, si ce rapport était connu, on pourrait déterminer cette diagonale ou tangente en construisant sur les directions de AB et AD un parallélogramme dont les côtés fussent simplement entre eux dans ce même rapport et en traçant sa diagonale. Cette observation est quelquefois mise à profit pour le tracé des tangentes aux courbes.

De même, dans le *mouvement varié*, on voit que, si le

rapport du chemin élémentaire AC à l'élément de temps t employé à le parcourir est donné, ou si AC est le chemin parcouru dans l'élément de temps absolu, la construction du parallélogramme ABCD donnera les rapports $\dfrac{AB}{t}$, $\dfrac{AD}{t}$, ou les chemins relatifs AB et AD parcourus dans le même temps, qui seront les valeurs des vitesses relatives dans le sens des axes, et que, si la vitesse absolue est proportionnelle à AC, ces vitesses relatives le seront à AB et AD.

Donc encore, *dans le mouvement varié, la vitesse à un instant quelconque peut se décomposer en deux autres, selon deux directions données, et représentées en grandeur par les côtés du parallélogramme construit sur cette vitesse comme diagonale. Réciproquement la vitesse résultante* est *la diagonale du parallélogramme construit sur les vitesses relatives.*

97. *Cas où les directions des composantes sont à angle droit.* — Dans ce cas le parallélogramme devient un rectangle, et la diagonale est l'hypoténuse d'un triangle rectangle, et son quarré est égal à la somme des quarrés des côtés;

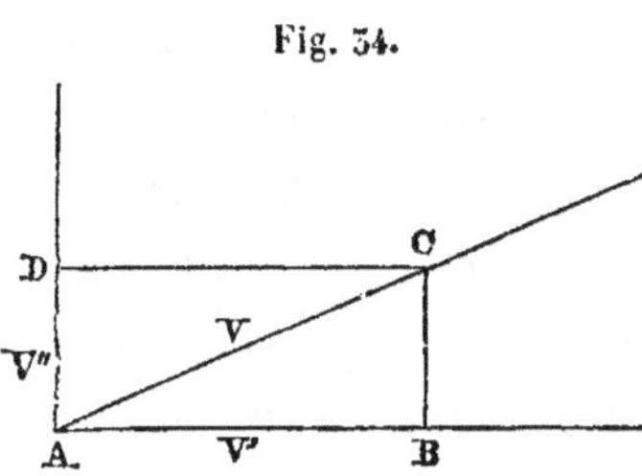

Fig. 34.

on a alors les relations simples :

$$V^2 = V'^2 + V''^2 ; \quad V = \sqrt{V'^2 + V''^2},$$

$$V' = V \cdot \frac{AB}{AC} = V \cos. \, CAB, \quad V'' = V \cdot \frac{AD}{AC} = V \cos. \, CAD.$$

98. *Composition d'un nombre quelconque de mouve-* *ments ou de vites-* *ses simultanés dans* *un même plan. —* On voit par ce qui précède que le chemin ou la vitesse résultant de deux mouvements simultanés dans deux directions quelconques sera déterminé en construisant

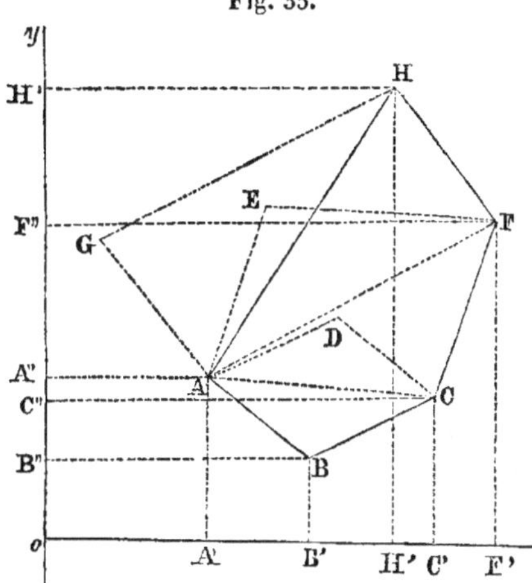

Fig. 35.

le triangle ABC, et menant le côté AC en prenant AB et BC=AD égaux aux chemins ou vitesses simultanés et relatifs dans les directions données. Si le corps est en outre animé d'un troisième mouvement ou d'une troisième vitesse AE, on construira le triangle ACF, dans lequel AC est le mouvement ou la vitesse résultant des deux précédents, et CF égal et parallèle à AE. AF sera par conséquent le mouvement ou la vitesse résultant des deux mouvements ou vitesses simultanés AC et AE, ou des trois mouvements ou vitesses AB, AD et AE. De même, pour un quatrième mouvement ou une quatrième vitesse AG, le mouvement ou la vitesse résultant sera donné par le côté AH du triangle AFH, dans lequel AF est la résultante précédente, et FH égal et parallèle à AG. Donc en général *le mouvement ou la vitesse résultant* *de plusieurs mouvements ou vitesses simultanés conte-* *nus dans un même plan sera donné en grandeur et en*

direction par la diagonale du polygone ABCFH , *etc.,
construit à partir de l'origine* A *avec des côtés égaux ou
parallèles aux mouvements ou vitesses simultanés donnés.*

Si l'on projette la diagonale du polygone ainsi construit sur une ligne quelconque par des perpendiculaires ou des lignes parallèles aussi dirigées dans un sens quelconque, la simple inspection de la figure montre que $AH' = AB' + B'C' + C'F' - F'H'$, etc.

Ce qui signifie que *la projection de la diagonale ou du chemin résultant, ou de la vitesse résultante, est égale à la somme algébrique des projections des côtés , chemins ou vitesses simultanés.*

On entend ici par somme algébrique le résultat que l'on obtient en ajoutant ou prenant positivement les côtés , chemins ou vitesses, dirigés dans le sens du mouvement réel, et retranchant ou prenant négativement les côtés, chemins ou vitesses dirigés en sens contraire.

Il résulte encore de là que, si la diagonale du polygone est nulle, ou si ce polygone se referme sur lui-même, le chemin résultant ou la vitesse résultante sont nuls , et que le corps ne se déplace pas ou ne reçoit pas de vitesse malgré les mouvements relatifs qui lui sont communiqués. Il en est encore de même quand la somme algébrique des chemins ou des vitesses est nulle.

99. *Résultante de trois mouvements ou de trois vitesses simultanés dans l'espace.* — Si le corps est animé de trois mouvements ou vitesses simultanés AB, AD, AF, dans l'espace, suivant trois directions quelconques, il est évident que, si l'on compose d'abord AB et AD , puis leur résultante AC avec AF, ou AB et AF, et leur

Fig. 36.

résultante AE avec AD, ou AD et AF, et leur résultante AG avec AB, on trouvera dans tous les cas pour résultante finale la diagonale AH du parallélipipède construit sur les trois mouvements ou vitesses donnés.

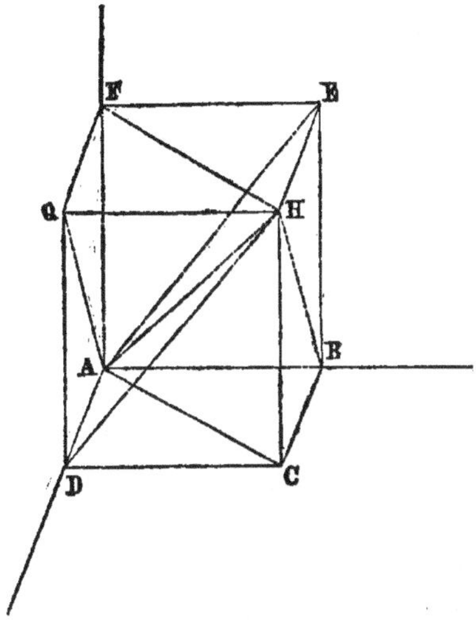

Donc *la résultante de trois mouvements ou de trois vitesses simultanés dans l'espace est représentée en grandeur et en direction par la diagonale du parallélipipède construit sur ces trois mouvements.*

100. *Résultante d'un nombre quelconque de mouvements ou de vitesses simultanés.* — Si, au lieu d'être animé de trois mouvements ou vitesses simultanés AB, AD, AF, le corps en possédait en outre un ou une quatrième, il est facile de voir que le mouvement final ou la vitesse finale résultant serait représenté en grandeur et en direction par la diagonale du parallélogramme construit sur la résultante des trois premiers mouvements, et sur le quatrième comme côté. Or cette ligne est la diagonale du contour polyédrique que l'on formerait en supposant que le corps reçût successivement ces mouvements ou vitesses simultanés.

Donc en général *le mouvement ou la vitesse résultant d'un nombre quelconque de mouvements ou de vitesses simultanés dirigés aussi d'une manière quelconque dans l'espace est la diagonale du polygone polyédrique qui peut être formé en supposant le corps successivement animé de ces mouvements simultanés.*

Mais on arrive plus simplement à la détermination du mouvement ou de la vitesse résultant en remarquant que, d'après ce qui précède, un mouvement quelconque peut toujours être décomposé en trois autres mouvements simultanés, dirigés selon trois directions données quelconques, qui sont les trois côtés d'un parallélipipède dont le mouvement donné est la diagonale et dirigés suivant les directions données.

Cela posé, si l'on conçoit chacun des mouvements ou chacune des vitesses simultanés dont le corps est animé ainsi décomposé, le mouvement ou la vitesse finale n'en serait pas altéré. Mais comme tous les mouvements ou vitesses dirigés selon les mêmes axes ont, comme on le verra plus loin, des résultantes partielles égales à la somme des composantes, suivant ces directions, il s'ensuit en définitive que *le mouvement ou la vitesse résultant sera représenté en grandeur et en direction par la diagonale du parallélipipède construit sur les sommes des composantes des mouvements partiels suivant trois directions quelconques.*

Raisonnant encore comme au numéro 97, et supposant qu'après avoir composé en un seul tous les mouvements simultanés qui animent un même point matériel, on projette ces mouvements et le mouvement résultant ou les vitesses correspondantes sur un axe quelconque par autant de plans perpendiculaires à cet axe, on verra avec évidence que la projection du mouvement résultant ou de la vitesse résultante, qui n'est autre chose que la diagonale du polygone polyédrique dont nous avons parlé, est égale à la somme algébrique des projections des mouvements ou vitesses composants.

101. *Cas où la résultante est nulle.* — Lorsque la diagonale ou la ligne qui joint les extrémités du premier et du dernier côté du polygone plan ou polyédrique formé sur les directions des chemins ou vitesses composants est nul, ce qui arrive quand ce polygone se referme sur lui-même, le mouvement ou la vitesse résultant est nul.

Dans le cas particulier et le plus ordinaire où les trois directions sont à angle droit on a en posant

$$AB = V', \quad AD = V'', \quad AF = V''', \quad \text{et } AH = V,$$
$$V = \sqrt{V'^2 + V''^2 + V'''^2}$$

et

$$V' = V \cos BAH, \quad V'' = V \cos DAH, \quad V''' = V \cos FAH.$$

Xe LEÇON.

102. *Théorème des moments de Varignon.* — Si d'un point O quelconque pris dans le plan du parallélogramme ABCD des vitesses, et en dehors da l'angle BAD, on mène les droites OA, OD et OC, on remarquera d'abord que, le quadrilatère OADC étant la somme des

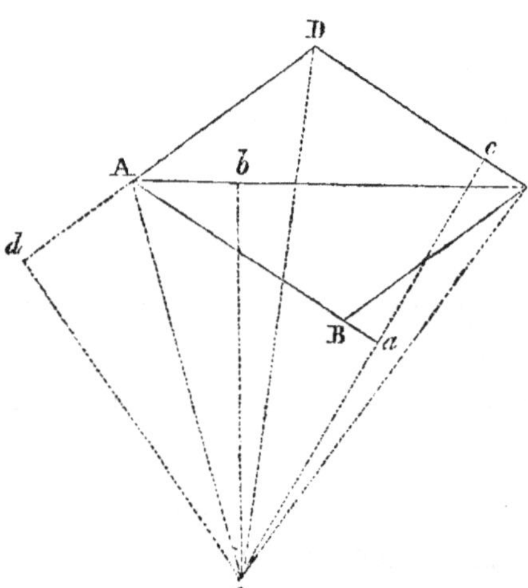

Fig. 37.

triangles OAD et ODC, on aura

$$OAC = OAD + ODC - ADC.$$

Si de plus on abaisse du point O les perpendiculaires Oa ou Oc, Ob, et Od, sur les côtés AB, AC et AD, on aura pour les surfaces des triangles

$$OAC = \frac{1}{2} AC \times Ob, \quad OAD = \frac{1}{2} AD \times Od,$$

$$ODC = \frac{1}{2} DC \times Oc, \quad ADC = \frac{1}{2} DC \times ac.$$

Par conséquent la relation ci-dessus devient

$$AC \times Ob = AD \times Od + AB \times Oa.$$

Les produits $AC \times Ob$, $AD \times Od$, $AB \times Oa$, des côtés

AC, AD, AB, par les perpendiculaires Ob, Od, Oa, abaissées du point O sur leurs directions respectives, s'appellent les *moments*, et la relation ci-dessus montre que le *moment de la diagonale ou de la résultante est égal à la somme des moments des côtés ou des composantes.*

Dans le cas de la figure précédente le corps, en vertu de ses deux mouvements ou vitesses, était sollicité à tourner dans le même sens autour du point O, placé en dehors de l'angle BAD.

Si le point O se trouvait dans l'intérieur de cet angle,

Fig. 58.

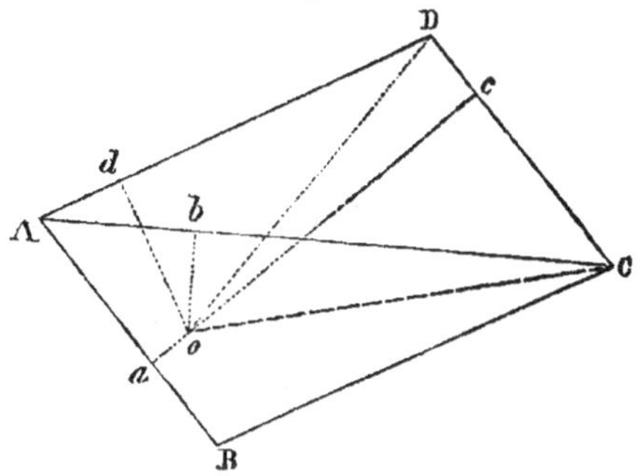

il est facile de voir que l'on aurait encore

$$OAC = OAD + ODC - ADC,$$

puis

$$OAC = \frac{1}{2} AC \times Ob, \quad OAD = \frac{1}{2} AD \times Od,$$

$$ODC = \frac{1}{2} DC \times Oc, \quad ADC = \frac{1}{2} DC \times ac,$$

et par suite

$$AC \times Ob = AD \times Od - AB \times Oa.$$

Et comme dans ce cas le corps, en vertu de ses deux mouvements, tend à tourner dans des sens contraires autour du point O, le théorème de Varignon peut s'énoncer en général, et en l'étendant de suite à un nombre quelconque de mouvements ou de vitesses simultanés, en disant que *le moment de la résultante est égal à la somme des moments des composantes qui tendent à faire tourner le corps dans un sens moins la somme des moments des composantes qui tendent à le faire tourner en sens contraire*, ou plus généralement en disant que *le moment de la résultante est égal à la somme des moments des composantes*, pourvu que, prenant positivement les moments relatifs à un certain sens du mouvement, on convienne de prendre négativement ceux qui se rapportent au sens contraire.

103. *Extension de ces théorèmes aux corps ou systèmes matériels animés d'un mouvement commun de translation.* — Tout ce que l'on a dit plus haut pour un point matériel s'étend immédiatement aux corps ou systèmes matériels animés d'un mouvement de transport, de translation commune, puisque, quand on aura determiné la vitesse ou le mouvement résultant de l'un des points, on en déduira celui des autres, qui est le même.

104. *Indépendance de l'action simultanée de plusieurs forces.* — L'observation montre que, quand un corps est soumis à l'action de plusieurs forces, chacune d'elles lui communique dans l'élément t du temps un petit degré de vitesse proportionnel à son intensité propre et dans sa direction. En obéissant ainsi à l'action simultanée de ces forces, le corps recevra des vitesses Ab,

A*d*, proportionnelles à leurs intensités et dans la direction des forces, et ces vitesses composantes auront une résultante qui sera la diagonale A*c* du parallélogramme A*bcd*.

Fig. 59.

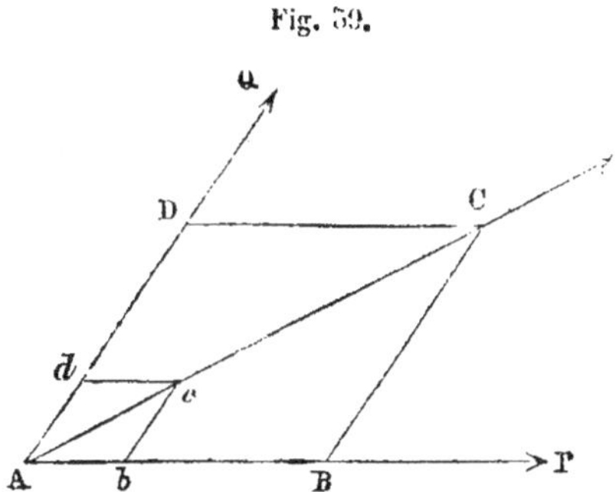

Si l'on prend AB et AD proportionnels aux degrés de vitesse A*b*, A*d*, pour représenter les forces P et Q, qui produisent ces petits degrés de vitesse, la résultante de ces forces, à laquelle est due la vitesse résultante, devra être proportionnelle au degré de vitesse communiqué dans le même temps et dans le sens de son action ou à A*c*; on aura donc

$$P : AB : : R : AC,$$

Donc la résultante R sera représentée en grandeur et en direction par la diagonale AC du parallélogramme ABCD.

Donc *la résultante de deux forces qui agissent simultanément sur un même corps est représentée en grandeur et en direction par la diagonale du parallélogramme construit sur ces deux forces.* Réciproquement *toute force peut être décomposée en deux autres suivant deux direc-*

tions arbitraires et égales aux côtés du parallélogramme dont la force donnée serait la diagonale et les côtés des parallèles aux directions données.

Fig. 40.

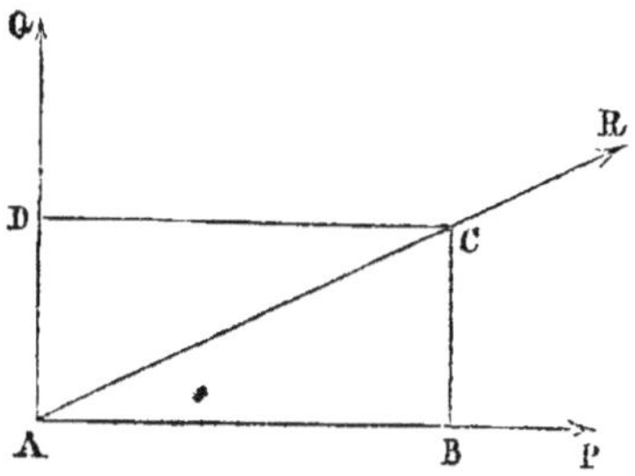

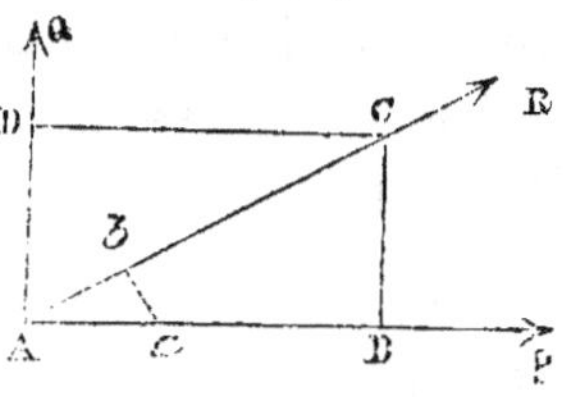

Si les deux directions données sont perpendiculaires l'une à l'autre, on a

$$R^2 = P^2 + Q^2,$$

$$P = R\,\frac{AB}{AC} = R\cos CAB, \quad Q = R\,\frac{AD}{AC} = R\cos CAD.$$

105. *Quantité de travail d'une force dont le point d'application ne se meut pas dans sa direction propre.* — Lorsqu'une force R n'agit pas dans la direction du chemin parcouru par son point d'applica-tion, on peut la décomposer en deux : l'une, P, repré-sentée par AB, dirigée dans le sens de ce chemin ; l'autre, Q, représentée par AD, perpendiculaire à ce chemin. Le travail de P sera P $\times$ Aa en désignant par Aa le chemin réellement parcouru, et le travail de Q sera nul, puisqu'il n'y a pas de chemin parcouru dans sa direc-tion propre. Donc le travail de la force R se réduira à celui de sa composante P. Mais en abaissant ab perpen-

Fig. 41.

diculaire sur AC, on a par les triangles semblables ACB et Aab

$$R : P : : Aa : Ab, \text{ d'où } R.\,Ab = P.\,Aa.$$

Par conséquent le travail de la force R peut être mesuré soit par celui de sa composante P dans le sens du chemin parcouru, soit par le produit de son intensité R et de la projection Ab du chemin Aa sur sa direction propre.

106. *Application du théorème de Varignon.* — Puisque la résultante de deux forces est représentée en grandeur et en direction par la diagonale du parallélogramme construit sur ces forces comme côtés, il s'ensuit que le théorème de pure géométrie de Varignon s'applique aux forces comme aux lignes, et par conséquent

La résultante de deux ou d'un nombre quelconque de forces agissant dans le même plan a pour moment, par rapport à un point quelconque de ce plan, la somme des moments des forces qui tendent à faire tourner dans un sens, moins la somme des moments des forces qui tendent à faire tourner dans l'autre sens.

107. *Le travail de la résultante d'un nombre quelconque de forces est égal à la somme ou à la différence des quantités de travail qu'elles développent.*

Forces agissant toutes dans la direction du chemin parcouru. — Dans ce cas, le plus simple de tous, la résultante de toutes les forces est évidemment égale à la somme de celles qui agissent dans un sens, moins la somme de celles qui agissent en sens contraire, et comme le chemin parcouru par leurs points d'application est le même, la proposition est évidente.

108. *Forces agissant dans des directions quelconques.*

Fig. 42.

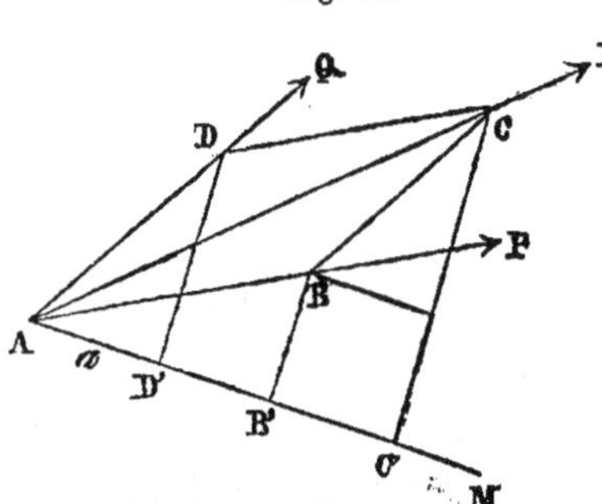

— Si l'on considère d'abord deux forces P et Q ayant la résultante R, respectivement proportionnelles aux longueurs AB, AD et AC, soit AM la direction du chemin parcouru, projetons ou décomposons P, Q et R, suivant cette direction; nous aurons $AB' = P'$, $AD' = Q'$, $AC' = R'$, pour

Fig. 43.

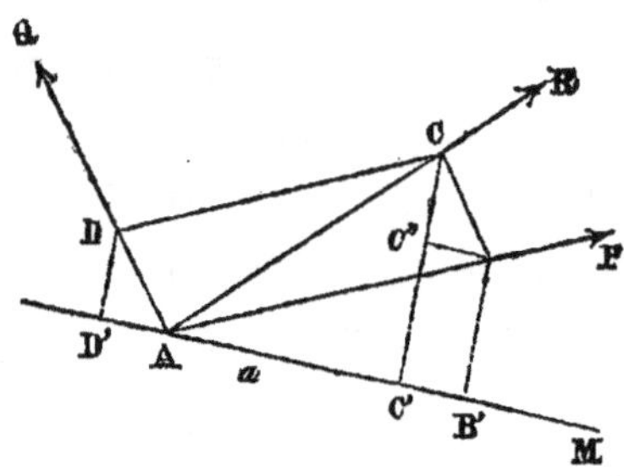

les composantes dans le sens du chemin quelconque parcouru Aa par exemple, et le travail de ces composantes, qui est égal à celui des forces primitives P, Q et R, sera respectivement $P'. Aa$, $Q'. Aa$, $R'. Aa$. Or il est évident d'après la figure **42** que

$$AC' = R' = AB' + B'C' = P' + Q',$$

Donc dans le cas de cette figure

$$R'. Aa = P'. Aa + Q'. Aa.$$

Dans le cas de la figure 43 on a

$$AC' = R' = AB' - AD' = P' - Q',$$

et par suite

$$R'.\, Aa = P'.\, Aa - Q'.\, Aa.$$

La différence des deux résultats provient de ce que dans le premier les forces P et Q agissent toutes deux dans le sens du chemin parcouru, tandis que dans le second la force Q agit en sens contraire de ce chemin et donne lieu à un travail résistant.

Cela résulte d'ailleurs avec évidence de ce que la projection de la résultante est égale à la somme algébrique des projections des composantes sur une ligne quelconque, pour laquelle on peut prendre la direction du chemin réellement parcouru, et qu'en multipliant les deux membres de cette égalité par le chemin parcouru, elle exprime le théorème général suivant :

Quand un point matériel est sollicité par un nombre quelconque de forces situées dans le même plan, qui tendent à lui imprimer ou lui impriment un mouvement de transport, le travail développé par la résultante est égal à la somme des quantités de travail des forces qui sollicitent le corps dans le sens du chemin parcouru, moins la somme des quantités de travail des forces qui le sollicitent en sens contraire.

Sans entrer dans des développements théoriques que ne comporte pas l'objet spécial de notre enseignement, nous nous bornerons à dire que des raisonnements analogues s'appliqueraient au cas de plusieurs forces agissant sur un même corps dans des directions quelconques dans l'espace.

Le travail élémentaire étant la même chose que ce que l'on nomme le *moment virtuel*, l'énoncé ci-dessus revient à dire que la *somme des moments virtuels des composantes pris avec le signe convenable est égale au moment virtuel de la résultante ; ce qui est le principe connu des vitesses virtuelles.*

109. *Cas où le point matériel tend à tourner autour d'un point ou d'un axe fixe.*—Si le point O d'où l'on abaisse les perpendiculaires sur les directions des deux forces P et Q (fig. 44) est la projection de l'axe de rotation, ou le point autour duquel le plan des forces et le corps tendent à tourner, la relation des moments (n° 106)

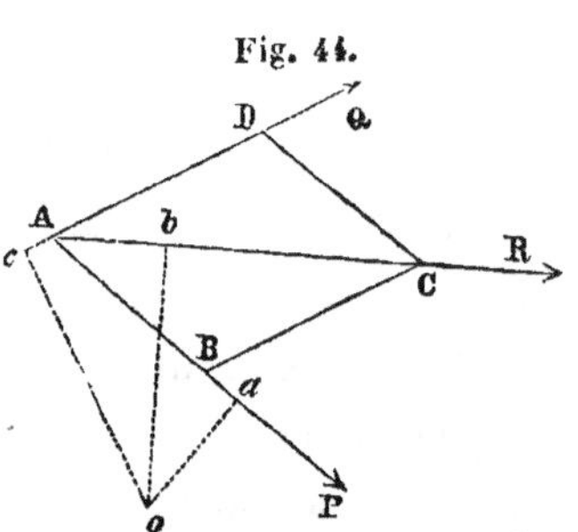

$$R \times Ob = P.\,Oa \pm Q.\,Oc \text{ ou } R.r = Pp \pm Qq,$$

en faisant $Ob = r$, $Oa = p$ et $OC = q$,
devient, en multipliant tous les termes par l'arc a_1 décrit l'unité de distance,

$$Rra_1 = Ppa_1 \pm Qqa_1.$$

Or ra_1, pa_1, qa_1, sont respectivement les arcs élémentaires ou finis décrits par les pieds des perpendiculaires r, p et q, ou les chemins parcourus par les points d'application des forces R, P et Q, dans leur direction propre, et par conséquent Qra_1, Ppa_1, Qqa_1, sont les quantités de travail respectivement développées par ces forces, et la relation ci-dessus démontre pour le mouvement de **rotation** la proposition établie pour le mouvement de translation.

110. *Condition du mouvement uniforme ou de l'équilibre.*

Cas où toutes les forces sont réunies dans le même plan. — Si le point matériel que l'on considère n'est sollicité que par des forces situées dans le même plan, il restera dans ce plan, et ne pourra d'ailleurs à un instant quelconque y avoir qu'un mouvement de translation ou un mouvement de rotation, ou ces deux mouvements à la fois.

Tout mouvement de translation du corps pouvant, d'après ce que l'on a vu, être décomposé en deux autres, selon deux directions quelconques prises dans ce plan, le mouvement réel du point matériel sera uniforme si les deux mouvements relatifs ou composants le sont. Donc la condition de l'uniformité du mouvement de translation revient à celle de l'uniformité du mouvement suivant deux directions données. Cette dernière sera satisfaite si les forces qui sollicitent le point matériel, ou leurs composantes dans le sens de chaque axe qui agissent pour accélérer son mouvement, développent un travail égal à celui des forces qui tendent à retarder ce mouvement; ce qui revient à dire que *la somme des composantes qui agissent dans un sens doit être égale à la somme de celles qui agissent dans un sens contraire, ou la somme totale nulle*, selon la convention établie précédemment.

Donc *le mouvement de translation d'un point matériel sera uniforme lorsque les sommes respectives des composantes des forces qui le sollicitent selon deux directions quelconques prises dans ce plan seront séparément égales à zéro.*

L'équilibre n'étant que le cas particulier du mouvement uniforme où la vitesse est nulle, la même condition sera celle de l'équilibre quant à la translation.

Pour le mouvement de rotation, il est évident que, si toutes les forces qui agissent dans le sens du mouvement et tendent à l'accélérer développent un travail égal à celui des forces qui agissent en sens contraire et tendent à retarder le mouvement, celui-ci restera uniforme et le travail résultant sera nul, ce qui revient à dire que pour *l'uniformité du mouvement de rotation il faut et il suffit que la somme des quantités de travail ou celle des moments des forces qui tendent à faire tourner dans un sens soit égale à la somme des quantités de travail ou des moments de celles qui tendent à faire tourner en sens contraire.*

Par conséquent, enfin, pour *qu'un point matériel sollicité par un nombre quelconque de forces extérieures situées dans un plan se meuve d'un mouvement uniforme, il faut et il suffit que la somme des composantes de ces forces parallèles à deux axes quelconques pris dans ce plan soit séparément nulle, et que la somme des moments de ces forces par rapport à un point quelconque pris dans ce plan soit aussi égale à zéro.*

L'équilibre n'étant que le cas particulier du mouvement uniforme où la vitesse est nulle, les mêmes conditions seront celles de l'équilibre d'un nombre quelconque de forces situées dans un plan.

111. *Cas où les forces agissent d'une manière quelcon-*

que dans l'espace. — Le mouvement le plus général qu'un corps puisse prendre se compose d'un mouvement de translation et d'un mouvement de rotation autour d'un point quelconque; or, quant au mouvement de translation, il est encore évident qu'il sera uniforme si les trois mouvements parallèles à trois axes quelconques perpendiculaires entre eux, dans lesquels on peut toujours le concevoir décomposé, sont uniformes, ce qui conduit à la condition que les sommes des quantités de travail développées dans chacune des directions des axes soient séparément nulles.

Quant au mouvement de rotation, remarquons d'abord que dans le cas le plus général le centre autour duquel le mouvement de rotation s'effectue peut varier à chaque instant, ce qui lui fait alors donner le nom de *centre instantané de rotation.* Cela posé, il est évident que la rotation autour d'un centre quelconque peut être décomposée en trois rotations, autour de trois axes parallèles aux précédents et passant par le centre instantané de rotation, pour l'instant que l'on considère. Dès lors aussi le mouvement résultant de rotation sera uniforme, si les mouvements composants le sont. La rotation autour de chacun de ces axes n'étant due qu'aux composantes perpendiculaires à cet axe, l'uniformité du mouvement aura lieu si les sommes des moments des composantes des forces respectivement parallèles à deux axes pris par rapport au troisième sont séparément nulles, ce qui conduit à trois relations entre les moments qu'il faut successivement prendre par rapport à chacun des axes.

Les conditions générales de l'uniformité du mouvement d'un point matériel sollicité par des forces extérieures quelconques se réduisent aux suivantes :

1° *Les quantités de travail développées par ces forces dans le sens de trois axes rectangulaires quelconques, ou les sommes des composantes dans le sens de ces axes, doivent être nulles.*

2° *Les sommes des moments des forces données par rapport à ces trois axes doivent être séparément nulles.*

L'équilibre n'étant que le cas particulier du mouvement uniforme où la vitesse est nulle, ces conditions sont aussi celles de l'équilibre des forces.

La discussion précédente montre que l'étude des mouvements produits par des forces quelconques peut toujours être ramenée à celle du mouvement de translation dans le sens des forces ou de leurs composantes, et du mouvement de rotation autour d'un axe donné. Nous avons déjà examiné le premier de ces mouvements, il nous reste à nous occuper du second ; mais auparavant il convient d'étendre les théorèmes de la composition des forces au cas où elles sont parallèles.

XIe LEÇON.

112. *Forces parallèles.* — Lorsque les forces qui
sollicitent un corps ou assemblage de points matériels
sont parallèles, on peut les regarder comme agissant

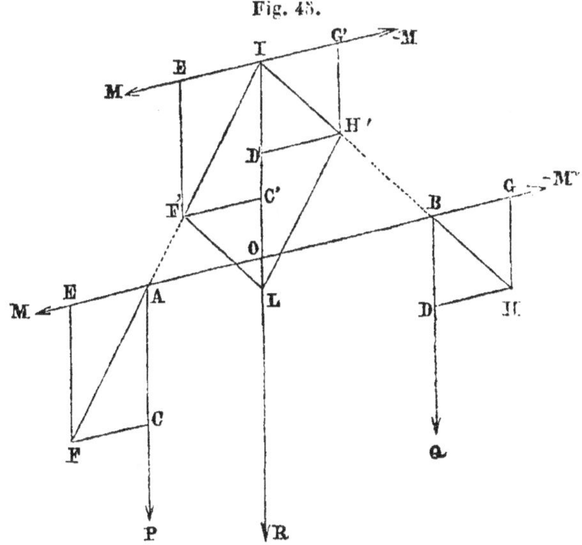

Fig. 45.

aux deux extrémités de la ligne AB, qui réunit leurs
points d'application. Cela posé, représentons par AC et BD
les forces données P et Q, et ajoutons à ces forces deux
autres forces M égales et contraires, dirigées dans le sens
de AB et représentées par les longueurs égales AE et BG.
Il est clair que l'effet ou le travail de ces forces égales
et opposées ne changera rien à celui des forces données.
P et M auront une résultante représentée par la diagonale AF du parallélogramme ACFE ; de même Q et M
auront une résultante représentée par la diagonale BH

du parallélogramme BDHG. Ces résultantes AF et BH peuvent être supposées appliquées au point de rencontre I de leurs directions respectives et là redécomposées chacune en deux forces

$$IE' = M, \quad IC' = P, \quad \text{et } IG' = M, \quad ID' = Q.$$

Les deux forces M se détruisent, et les forces P et Q s'ajoutent et donnent pour la résultante R des forces parallèles $R = P + Q$, puisque IL, qui représente la résultante de IF' et IH', est égale à

$$LD' + ID' = IC' + ID' = P + Q.$$

Il est d'ailleurs évident que la ligne IL est parallèle à la direction des forces P et Q.

De plus, à cause des triangles semblables

$$IF'C' \text{ et } IAO, \quad ID'H' \text{ et } IBO,$$

on a les proportions

$$IC' : C'F' :: IO : AO, \quad ID' : D'H' :: IO : BO;$$

d'où

$$IC' \times AO = P.AO = IO \times C'F' = M \times IO,$$
$$ID' \times BO = Q.BO = D'H' \times IO = M \times IO,$$

et par conséquent

$$P.\,AO = Q.\,BO$$

Donc la résultante partage la ligne AB en deux parties réciproquement proportionnelles aux forces P et Q.

Si les forces P et Q, au lieu d'agir dans le même sens, étaient dirigées en sens contraire, en opérant de même que ci-dessus, on trouverait d'abord que leur résultante serait représentée en grandeur et en direction par la diagonale IL du parallélogramme IF'LH'. Or ici

Fig. 46.

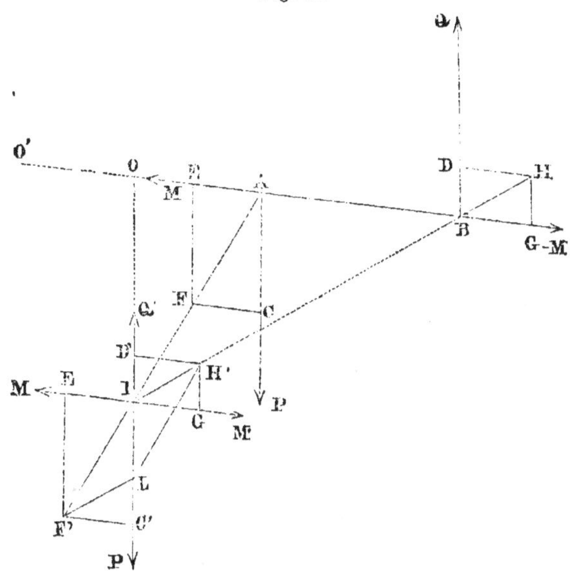

$IL = IC' - LC' = IC' - ID'$, attendu que les triangles LF'C' et ID'H' sont évidemment égaux. Or

$$IC' = AC = P, \quad ID' = BD = Q, \quad IL = R,$$

on a donc

$$R = P - Q.$$

Il est encore facile de voir par les triangles semblables IC'F' et IAO, ID'H' et IOB, que l'on a

$$IC' : C'F' : : IO : AO \text{ et } ID' : D'H' : : IO : BO;$$

d'où

$$IC' \times AO = P \times AO = IO \times C'F' = M \times IO,$$
$$ID' \times BO = Q \times BO = IO \times D'H' = MI \times IO,$$

et par conséquent

$$P . AO = Q . BO.$$

Donc en général la résultante de deux forces parallèles est égale à leur somme, quand elles agissent dans le même sens, et à leur différence quand elles agissent en sens contraire; et elle rencontre la droite qui réunit les points d'application A et B en un point O, tel que les distances AO et BO sont réciproquement proportionnelles aux forces P et Q.

Ces conséquences étant d'ailleurs indépendantes de l'inclinaison des forces par rapport à la ligne AB, il s'ensuit que le point O est le même quelle que soit cette inclinaison.

Si l'on multiplie les deux termes de l'égalité $R=P+Q$, ou $R=P-Q$, par la distance OO' du point O à un autre point quelconque de la ligne AB, on a dans le premier cas, relatif aux forces dirigées dans le même sens, $R.OO'=P.OO'+Q.OO'$, et comme alors $OO'=AO'+AO=BO'-BO$, cela revient à

$$R.OO'=P.AO'+P.AO+Q.BO'-Q.BO=P.AO'-Q.BO',$$

attendu que $P.AO=Q.BO$.

Dans le second cas on a d'abord $R.OO'=P.OO'-Q.OO'$, et comme alors $OO'=AO'-AO=BO'-BO$, cela revient à

$$R.OO'=P.AO'-P.AO-Q.BO'+Q.BO=P.AO'-Q.BO'.$$

Ces produits $R.OO'$, $P.AO'$, $Q.BO'$, deviennent ce qu'on appelle les moments des forces R, P et Q, dans le cas où la ligne AB est perpendiculaire à la direction des forces, et les équations ci-dessus s'énoncent en disant *que le moment de la résultante par rapport à un point quelconque est égal à la somme ou à la différence des moments des composantes.*

115. *Cas singulier.* — Lorsque les forces P et Q sont dirigées en sens contraires et égales entre elles, la figure

Fig. 47.

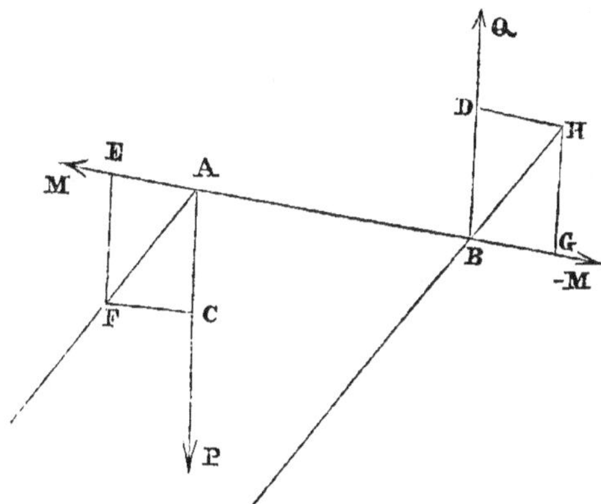

montre que les lignes AF et BH sont parallèles, et alors le point I de concours par lequel doit passer la résultante est à l'infini; ce qui indique qu'il n'y a pas de résultante. Ce cas particulier a été l'objet de plusieurs théorèmes fort élégants dus à M. Poinsot, parmi lesquels nous nous contenterons de faire remarquer seulement que le moment de ces deux forces égales, qui forment ce qu'on nomme *un couple*, est constant, quel que soit le point O' par rapport auquel on le prenne, puisque alors on a

$$\text{P.AO}' - \text{Q.BO}' = \text{P (AO}' - \text{BO}') = \text{P} \times \text{AB}.$$

114. *Extension des théorèmes précédents à un nombre quelconque de forces parallèles.* — Les théorèmes précédents peuvent s'étendre à un nombre quelconque de forces parallèles en composant de proche en proche la résultante des deux premières avec une troisième, et ainsi de suite : d'où l'on conclut :

1° *Que la résultante d'un nombre quelconque de forces parallèles est égale à la somme de celles qui agissent dans un sens moins la somme de celles qui agissent en sens contraire ;*

2° *Que le moment de la résultante par rapport à un point quelconque pris dans le plan qui contient toutes les forces est égal à la somme ou à la différence des moments des composantes.*

3° De même, si des points d'application A, B et O, des

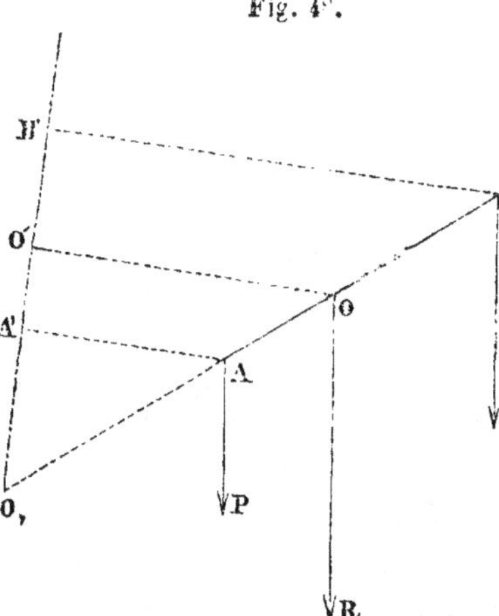

Fig. 4°.

forces P, Q, et de leur résultante R, on abaisse des perpendiculaires AA', BB', OO', sur un plan quelconque, et qu'on nomme O_1 le point de rencontre de la ligne AB avec ce plan, point qui se trouvera nécessairement sur l'intersection du plan ABB'A' qui contient les perpendiculaires avec le plan donné, il es facile de voir que de la relation déjà démontrée   t

$$R.OO_1 = P.AO_1 + Q.BO_1,$$

on déduira :

$$R.OO' = P.AA' + Q.BB',$$

c'est-à-dire que *le moment de la résultante par rapport à un plan quelconque est égal à la somme ou à la différence des moments des composantes.*

115. *Travail de la résultante de plusieurs forces parallèles.* — Si le corps est animé d'un mouvement de translation, le chemin parcouru par tous les points d'application des forces est le même, et en multipliant tous les termes de la relation

$$R = P + Q - S - T + \text{etc.}$$

par ce chemin parcouru, il sera évident que *le travail de la résultante est égal à la somme des quantités de travail développées par les composantes.*

Si le corps tourne autour d'un axe fixe, la même proposition démontrée pour des forces quelconques s'établit d'une manière analogue pour des forces parallèles.

116. *Centre des forces parallèles.* — Le point d'application de la résultante d'un nombre quelconque de forces parallèles qui agissent sur un corps ne dépend, comme on l'a vu, que des rapports entre leurs intensités, et non de leur direction. Par conséquent, si les directions des forces changent, leurs intensités restant les mêmes, ainsi que le sens respectif de leur action, le point d'application conservera la même position. Ce point, qui ne varie pas avec la direction des forces, se nomme *le centre des forces parallèles.*

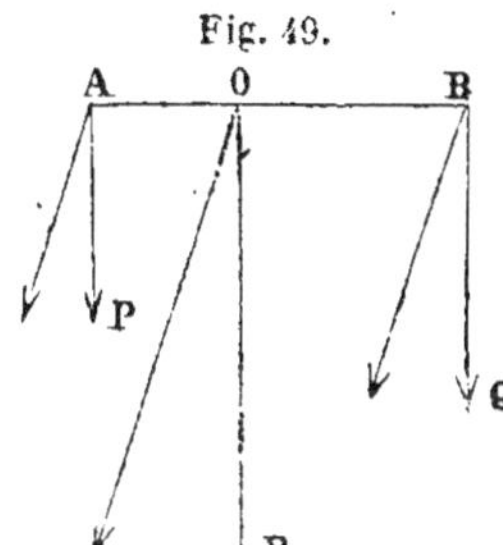

117. *Emploi des moments pour déterminer la position de la résultante.* — Le point O d'application de la résultante se déduit facilement de la relation des moments

par rapport à un point, une droite ou un plan quelconque. En appelant r le bras de levier de la résultante,
par rapport au point, à la droite ou au plan, et K, la
somme des moments de toutes les forces par rapport au
même point, droite ou plan, on a

$$r = \frac{K}{P+Q-S-T+etc.}.$$

118. *Condition du mouvement uniforme ou de l'équilibre.* — Le mouvement d'un corps sollicité par des forces parallèles sera uniforme lorsque le travail de leur
résultante sera nul ; ce qui exige que le travail des
forces qui agissent dans un sens soit égal à celui des
forces qui agissent en sens contraire. Dans le cas où il
tend à se produire une rotation autour d'un point ou
d'un axe, il faut que l'on ait en général

$$P.pa_1 + Q.qa_1 - S.sa_1 - T.ta_1 \text{ etc.} = o.$$

S'il n'y a que deux forces P et Q agissant de part et
d'autre du centre ou de l'axe, la condition de l'uniformité du mouvement ou de l'équilibre est

$$P.pa_1 = Q.qa_1 \text{ ou } Pp = Qq.$$

Cette relation sert de base à la théorie de la balance
et à celle du levier.

On remarquera que la condition

$$Pp + Qq - Ss - Tt + \text{ etc.} = o$$

donne $Rr = o$, et peut être satisfaite, soit par $R = o$, soit
par $r = o$.

Ainsi, pour qu'il y ait équilibre entre les forces qui
tendent à faire tourner un corps autour d'un axe ou d'un

point, il faut et il suffit, ou que la résultante soit nulle (sauf le cas des couples), ou qu'elle passe par l'axe ou le centre de rotation.

119. *Balance romaine.* — Dans cette balance un

Fig. 50.

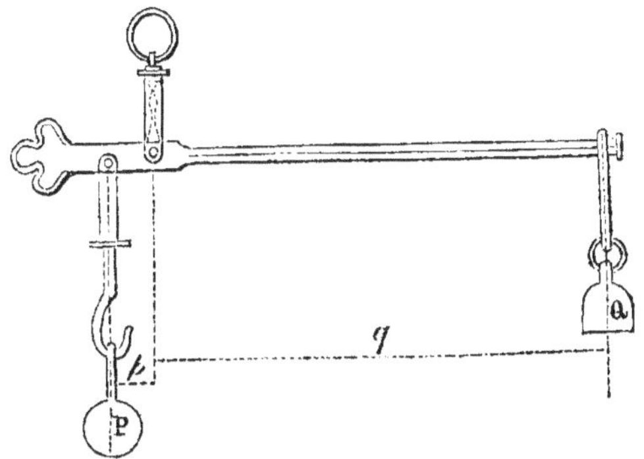

poids constant Q, dont le bras du levier q varie à volonté, doit faire équilibre à des poids variables P suspendus à la même distance p de l'axe. On éloigne le poids constant Q jusqu'à ce que son moment soit égal à celui du poids P.

120. *Balance ordinaire.* — Dans cette balance les bras de levier sont égaux ou doivent l'être, et alors les poids pesés P et Q doivent aussi être égaux.

Il arrive quelquefois que les deux plateaux vides de la balance se font équilibre, quoique les bras de levier soient inégaux et la balance fausse, parce que ces plateaux ont alors des poids en raison inverse de leurs bras de levier, ce qui rend leurs moments égaux. On doit donc vérifier les balances soit en changeant les plateaux de place, soit en changeant le poids et le corps à peser de plateau.

Lorsqu'une balance est mauvaise ou qu'on veut peser avec une grande exactitude sans se préoccuper de l'état de l'instrument, on met le corps à peser dans un des plateaux, puis on l'équilibre en mettant dans l'autre de la grenaille ou des corps quelconques. On enlève le corps à peser et on le remplace par des poids en nombre suffisant pour rétablir l'équilibre, et qui donnent le véritable poids du corps. Cette méthode, qui met à l'abri des défauts de la balance, est due à Borda et a reçu le nom de méthode *des doubles pesées*.

121. *Théorie du levier.* — Il résulte de ce qui précède que, dans le cas de la rotation autour d'un point ou d'un axe fixe sollicité par des forces concourantes ou parallèles, le moment de la résultante est égal à la somme des moments des composantes, si les forces agissent pour produire la rotation dans le même sens, ou à leur différence si elles agissent en sens contraire. Les perpendiculaires r, p, q, abaissées du centre de rotation sur la direction des forces, se nomment les bras de levier des forces, et l'on a

$$\mathrm{R}r = \mathrm{P}p \pm \mathrm{Q}q.$$

Dans le cas de l'équilibre on a $\mathrm{R}r = o$ et par suite $\mathrm{P}p = \mathrm{Q}q$. Si l'une des forces, P, est la puissance, et l'autre, Q, une résistance à vaincre, on voit que pour l'équilibre le moment de la puissance doit être égal à celui de la résistance.

Si la résistance et son moment sont donnés, on voit que l'effort à développer par la puissance

$$\mathrm{P} = \frac{\mathrm{Q}q}{p}$$

sera d'autant plus petit que son bras de levier p sera plus grand. Cette relation contient la théorie de l'appareil simple appelé *levier*, et qui est employé au mouvement ou au déplacement des fardeaux par la force musculaire des hommes. On distingue trois genres de le-

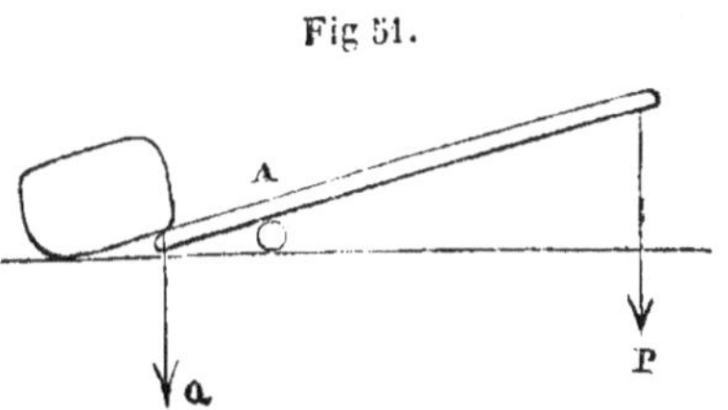

Fig 51.

viers : celui du premier genre, où la puissance et la résistance agissent de part et d'autre du centre de rotation ; dans le levier du deuxième genre la puissance agit à l'extrémité du levier, et la

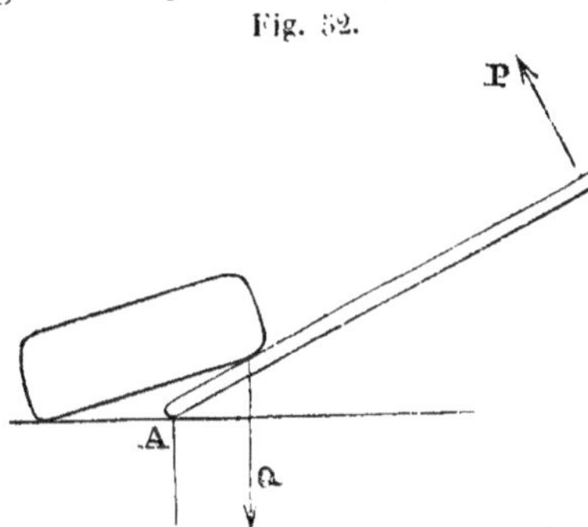

Fig. 52.

résistance entre celle-ci et le point d'appui ; dans celui du troisième genre la puissance agit entre le point d'appui et la résistance. Ces distinctions n'ont d'ailleurs aucune importance.

L'avantage de l'emploi du levier consiste seulement

Fig. 53.

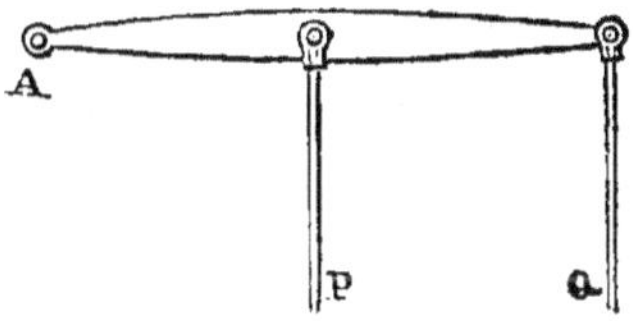

en ce qu'avec un effort donné et limité P on peut, par une proportion convenable établie entre les bras de levier p et q de la puissance et de la résistance, surmonter un effort très considérable. Mais il ne faut pas perdre de vue que, les arcs décrits ou les chemins parcourus par les points d'application des forces étant proportionnels aux angles décrits et aux rayons ou aux bras de levier, la relation des moments $P.p = Qq$ multipliée par l'arc décrit a_1 à l'unité de distance donne $P.pa_1 = Q.qa_1$; ce qui exprime, comme on l'a déjà vu, que le travail de la puissance est égal à celui de la résistance; de sorte que, sous le rapport du travail développé, on ne gagne rien à l'emploi du levier. Il est toujours, sauf ce qui est consommé par les résistances passives, égal à celui que développe la résistance.

C'est donc une erreur très grave de croire que l'effort des machines, en ce qui concerne le travail, puisse être augmenté par des combinaisons de leviers. Il ne faut pas oublier que, si les efforts à exercer diminuent à mesure que leurs bras de levier augmentent, les chemins parcourus par leur point d'application croissent précisément dans le rapport inverse.

122. *Application des théorèmes précédents à la pesanteur.* — La pesanteur agit sur toutes les particules des corps, et les directions de toutes ses actions sont parallèles ou verticales. Leur résultante, égale à leur somme, est ce qu'on nomme le poids du corps. Le *centre des forces parallèles* ou le point par lequel passe constamment la résultante s'appelle alors le *centre de gravité*.

Toutes les fois que ce point sera fixe, sa résistance détruisant l'action de la gravité, le corps sera en équilibre quant à cette force.

123. *Détermination du centre de gravité.* — Il est souvent très nécessaire dans les arts mécaniques de connaître la position du centre de gravité. Sa détermination peut se faire par l'expérience ou par la géométrie et le calcul.

Pour déterminer le centre de gravité d'un corps par l'expérience, on le pose sur une arête tranchante, et on détermine par tàtonnements la position nécessaire pour que le corps y soit en équilibre. On marque alors sur les faces du corps les traces du plan vertical qui passe par cette arête et contient le centre de gravité. On répète, s'il le faut, l'opération sur plusieurs faces, et le centre de gravité se trouve à l'intersection commune des plans déterminés. La symétrie des corps dans certains cas dispense de la détermination de quelques uns des plans.

Quelquefois on suspend le corps, et à l'aide du fil à plomb on détermine les traces d'un ou de plusieurs plans verticaux passant par le centre de gravité.

L'application de cette méthode présente quelquefois des difficultés; mais elle peut néanmoins être employée pour des corps très lourds, tels que des ponts-levis, des bouches à feu, des pièces de machines, etc., dont les formes compliquées ne se prêtent pas facilement à l'application des méthodes géométriques.

124. *Méthode géométrique.* — Lorsque les corps ont des formes régulières et géométriques et qu'ils sont composés de matières homogènes, on peut, à l'aide de la géométrie, déterminer la position du centre de gravité.

Pour tous les corps symétriques de forme il est d'abord évident que le centre de gravité est au centre de figure: ainsi le centre de gravité d'un plan mince, d'une barre cylindrique ou prismatique, d'une sphère, d'un ellipsoïde, d'un parallélipipède, est contenu dans les plans ou lignes de symétrie.

125. *Triangle.* — Si l'on suppose que l'on partage un triangle en bandes ou tranches infiniment minces parallèles à sa base BC, il est évident que, le centre de gravité de chacune de ces tranches se trouvant au milieu de sa longueur, le centre de

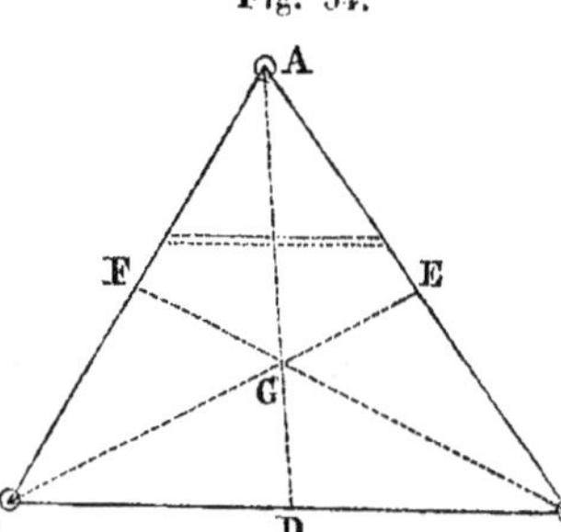

Fig. 54.

gravité du triangle se trouvera sur la droite AD, qui va du sommet A au milieu D de BC, puisqu'elle contiendra les centres de gravité de toutes les tranches. Par la même raison, le centre cherché se trouvera sur les lignes BE et CF, qui joignent respectivement les sommets B et C avec les milieux E et F des côtés opposés. Il en serait de même du centre de gravité de trois boules égales qui seraient placées à chacun des sommets du triangle. Or il est d'abord évident que, le centre de gravité des boules B et C étant en D, et ces boules pouvant être remplacées en ce point par une seule égale en poids à leur somme, le centre de gravité du système de la boule A et de la boule 2B ou 2A, placée en D, ou le point d'application de la résultante des poids A et 2A, partagera la ligne AD en deux parties réciproquement proportionnelles à 2A et à A, et se trouvera aux deux tiers de la longueur de AD à partir de A, ou au tiers à partir de D. Donc le centre de gravité d'un triangle se trouve sur l'une quelconque des lignes qui joignent l'un des som-

mets au milieu du côté opposé, et au tiers de cette ligne
à partir de la base.

126. *Quadrilatère quelconque.* — On partage le quadrilatère en deux triangles dont on détermine séparément le centre de gravité. On réunira ces deux centres
par une droite que l'on partagera en deux parties réciproquement proportionnelles aux surfaces des triangles;
le point de division sera le centre de gravité.

Polygone. On déterminera de même de proche en
proche le centre de gravité d'un polygone quelconque à
l'aide du centre de gravité et des surfaces des triangles
dans lesquels on peut le décomposer.

127. *Pyramide triangulaire.* — En supposant la pyramide partagée en tranches infiniment minces et pa-

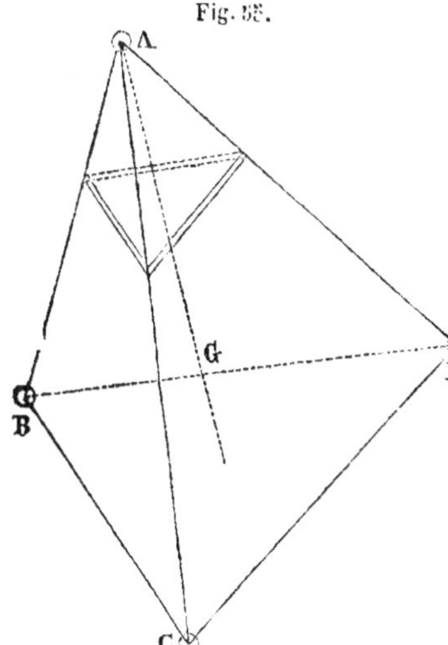

rallèles à l'une de ses bases, on verra d'abord de
suite que le centre de
gravité se trouvera sur
la ligne droite qui joint le
sommet opposé au cen-
tre de gravité de cette
base, lequel est connu.
Or il en serait de même
du centre de gravité de
quatre boules égales sup-
posées placées aux quatre
sommets de la pyramide.

En composant d'abord les trois poids des boules placées aux sommets de la base, on aura une résultante proportionnelle au nombre 3 ; et il est ensuite évident que le centre de gravité cherché ou le point d'application de la résultante des quatre poids égaux devra partager la ligne AC en parties réciproquement proportionnelles aux nombres 1 et 3.

Donc le *centre de gravité d'une pyramide triangulaire se trouve sur la ligne qui joint le centre de gravité de sa base au sommet opposé et au quart de la longueur de cette droite à partir de ce centre.*

La même règle s'applique à une pyramide à base quelconque.

128. *Centre de gravité d'un corps terminé par des formes quelconques.* — On a souvent besoin de déterminer le centre de gravité d'un corps ou d'un volume terminé par des contours plus ou moins réguliers, mais qui ne sont soumis à aucune loi connue. Tel est le cas des bâtiments, pour lequel il importe à la fois de déterminer le déplacement, et le centre de gravité de ce déplace-

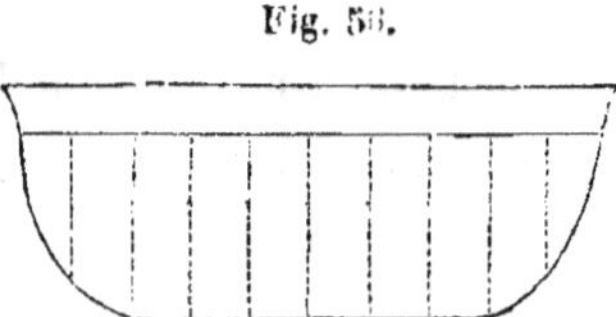

Fig. 55.

ment. Si l'on suppose le corps partagé en tranches parallèles, le moment de chaque tranche par rapport au plan de la première sera donné par le produit de son poids ou de son volume et de sa distance à ce plan, et la somme de tous les moments semblables sera égale au produit du poids ou du volume total par la distance du centre de gravité au même plan. Pour avoir cette somme de moments, on partagera la longueur totale L du corps dans le sens perpendiculaire au plan en un nombre pair de parties égales, on déterminera l'aire S de chacun des profils correspondants et la distance X de chacun d'eux au plan, ce qui donnera les produits

$$S_1 X_1, \ S_2 X_2, \ S_3 X_3, \ \text{etc.},$$

représentant respectivement le produit de l'aire de chacune des tranches par sa distance au plan de la première $X_1 = o$; puis, appliquant le théorème de Simpson, on aura pour la somme des moments cherchés

$$\frac{1}{3} \frac{L}{2n} \Big[S_1 X_1 + (SX)_{2n+1} + 4 \ [(SX)_2 + (SX)_4 + \dots (SX)_{2n}]$$
$$+ 2 \ [(SX)_3 + (SX)_5 + \dots (SX)_{2n-1}] \Big].$$

Cette somme doit être égale au produit VX du volume V du corps par la distance cherchée X de son centre de gravité au plan de la première tranche.

Pour les bâtiments dont les formes sont symétriques par rapport au plan vertical passant par la carène, il suffira de déterminer ainsi les distances du centre de gravité par rapport à deux plans, dont l'un contiendra l'étambot et l'autre sera le plan de flottaison, ou le plan inférieur de la carène.

129. *Mouvement de transport d'un corps ou d'un système de corps parallèlement à eux-mêmes.* — Le mouvement d'un corps ou d'un système de corps est dit de *transport parallèle* lorsque tous ses points ou toutes ses parties décrivent simultanément des chemins égaux et parallèles, soit dans un temps fini, soit dans un temps très court ou infiniment petit. Si l'on désigne par p le poids d'une des masses élémentaires qui composent le corps, la force motrice et d'inertie correspondante à une variation élémentaire de sa vitesse sera

$$f = \frac{p}{g} \cdot \frac{v}{t},$$

et toutes les forces semblables seront parallèles et dirigées dans le sens de la vitesse commune de transport. Leur résultante F sera égale à leur somme et l'on aura

$$F = \left(\frac{p + p' + p'' + \text{etc.}}{g} \right) \frac{v}{t} = \frac{P}{g} \cdot \frac{v}{t} = M \cdot \frac{v}{t},$$

P et M étant le poids et la masse totale.

Quant au point d'application, toutes les forces d'inertie partielles f, f', f'', sont proportionnelles aux poids p, p', p'', etc., des différentes parties du corps, et par conséquent le point d'application de leur résultante sera le même que celui du poids total ou que le centre de gravité.

Donc *dans le mouvement de transport parallèle la force d'inertie totale est*

$$F = \frac{P}{g} \cdot \frac{v}{t} = M \frac{v}{t},$$

et son point d'application est le centre de gravité du corps.

Cette conséquence étant d'ailleurs indépendante de l'amplitude du mouvement de transport, elle subsiste encore pour des mouvements finis et pour un instant quelconque du mouvement en ligne courbe.

130. *Quantité du mouvement d'un corps.* — De même on verra que dans le mouvement parallèle *la quantité de mouvement totale d'un corps* a pour valeur

$$\frac{P}{g}\,V = MV.$$

Il suit évidemment de là que, pour *qu'un corps ne reçoive qu'un mouvement de transport parallèle, il faut que la résultante des forces appliquées passe par son centre de gravité :* car, si elle passait ailleurs, le corps, sollicité d'un côté par cette force, et de l'autre par la résultante des forces d'inertie, qui passe par le centre de gravité, tendrait à prendre nécessairement un mouvement de rotation en même temps qu'un mouvement de translation.

Enfin il est encore évident que *la force vive totale communiquée au corps dans le mouvement parallèle est égale à*

$$\frac{P}{g}\,V^2 = M.V^2,$$

et égale au double de la quantité de travail développé pour la produire.

131. *Travail de la pesanteur dans les systèmes articulés ou composés.* — Le travail de toutes les composantes étant égal à celui de la résultante, il s'ensuit que dans les mouvements des corps ou des systèmes articulés on pourra substituer le travail total de la résultante ou du poids total au travail de tous les poids partiels, et comme le travail de la résultante se mesure par le produit du poids total et du chemin parcouru par son point d'application, il s'ensuit que *dans les machines ou systèmes où il y a des pièces qui, sous l'action de la pesanteur, montent ou descendent, le travail total développé par la pesanteur sera mesuré par le produit du poids total, et de la hauteur dont le centre de gravité général se sera élevé ou abaissé.*

Donc aussi la condition pour que les poids qui descendent fassent sans cesse équilibre aux poids qui montent, ou pour que le travail développé par les uns soit égal au travail développé par les autres, c'est que le *centre de gravité général reste toujours à la même hauteur.* Telle est la condition d'équilibre des ponts-levis, des machines à balancier, etc.

XIIe LEÇON.

132. *Du mouvement varié autour d'un axe.* — On a

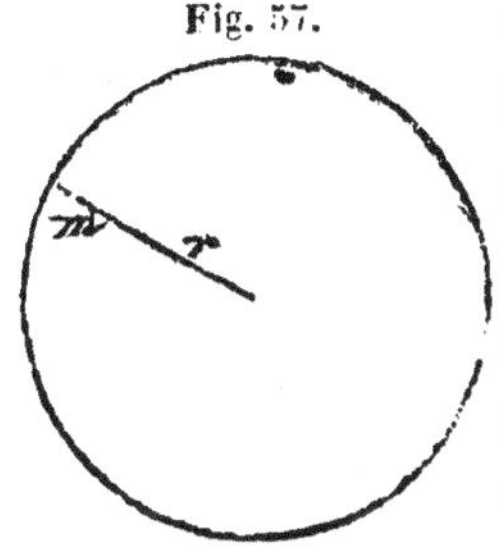

Fig. 57.

vu par ce qui précède que, dans le mouvement de rotation autour d'un axe, le travail de toutes les forces extérieures qui sollicitent le corps est égal au travail de leur résultante. On peut donc supposer toutes ces forces remplacées par cette résultante.

Si le mouvement est uniforme, il est évident que le travail des forces qui tendent à accélérer le mouvement sera égal à celui des forces qui tendent à le retarder, ou que le travail de la résultante sera nul.

Mais, si le travail de cette résultante n'est pas nul, il produit nécessairement dans la vitesse du corps une certaine variation, et alors l'inertie de chacune des masses élémentaires qui le composent développe en sens contraire des efforts proportionnels aux degrés de vitesse qui leur sont communiquées ou enlevées.

Nommons V_1 la vitesse angulaire ou le chemin, l'arc qui serait décrit par un point situé à l'unité de distance de l'axe pendant l'unité de temps si, à l'instant que l'on considère, le mouvement devenait uniforme, et v_1 la variation élémentaire qu'éprouve cette vitesse dans l'élément de temps t, une masse élémentaire m quelconque du corps située à la distance r sera animée de la vitesse $V_1 r$ et la variation élémentaire de cette vitesse sera $v_1 r$. Par conséquent l'inertie par sa réaction développera en sens contraire du travail de la résultante des forces extérieures un effort $m.\dfrac{v_1 r}{t}$ dirigé tangentiellement à la circonférence décrite par la masse m.

Or, si à chacune de ces masses élémentaires m on appliquait en sens contraire de la variation du mouvement une force égale à $m\dfrac{v_1 r}{t}$, et dirigée dans le même sens que la réaction de l'inertie, cette force serait capable de détruire la variation de vitesse $v_1 r$, et par conséquent l'effet de la résultante générale des forces extérieures sur cette masse m; donc l'ensemble de toutes ces forces détruirait l'effet de la résultante générale des forces extérieures, et par conséquent elles lui feraient équilibre. Or ces forces que nous venons de supposer appliquées à chacune des molécules du corps sont précisément égales aux réactions développées par l'inertie et dirigées dans le même sens. Il y a donc aussi à chaque instant de la variation du mouvement équilibre entre ces réactions et la résultante des forces extérieures, ou, ce qui revient au même, le travail développé par toutes ces réactions doit être égal au travail développé par cette résultante.

L'arc élémentaire décrit par la masse m étant $a_1 r$ en appelant a_1 l'arc élémentaire à l'unité de distance, le travail développé par la force d'inertie pendant la variation de la vitesse sera pour la masse m :

$$m.\frac{v_1 r}{t}.\,a_1 r.$$

Or $\dfrac{a_1 r}{t} = V_1 r$ ou la vitesse possédée par la masse m à l'instant que l'on considère ; donc le travail élémentaire de la force d'inertie de la masse m a pour expression

$$m\,v_{\iota}r \times V_{\iota}r = m.r^2 V_{\iota}v_{\iota}.$$

Le produit de la masse m par le quarré de sa distance r à l'axe de rotation se nomme le *moment d'inertie* de cette masse.

Pour une autre masse élémentaire m' située à la distance r', on aurait de même pour le travail de l'inertie $m'r'^2 V_{\iota}v_{\iota}$, et pour un nombre quelconque de masses semblables la somme des quantités de travail élémentaires développées par leur inertie sera

$$(mr^2 + m'r'^2 + m''r''^2 + \text{etc.})\, V_{\iota}v_{\iota}.$$

155. *Observation importante sur les moments d'inertie.* — La géométrie apprend à calculer la somme des moments d'inertie des corps de diverses formes, ainsi que nous l'indiquerons plus loin; mais il est utile dès à présent de faire connaître un théorème important relatif au moment d'inertie d'un corps par rapport à un axe quelconque quand on connaît son moment d'inertie par rapport à un axe parallèle passant par le centre de gravité de ce corps.

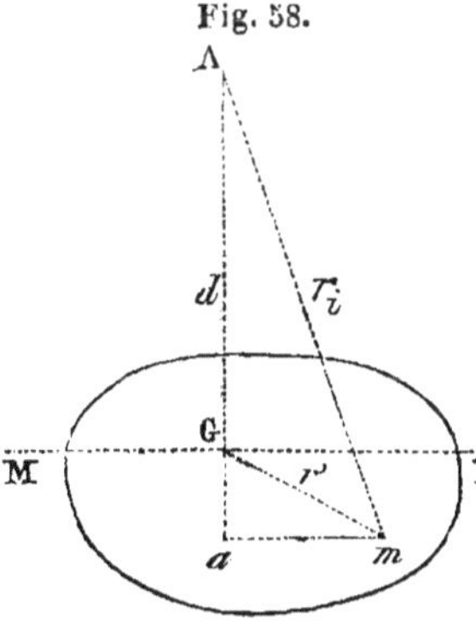

Considérons une masse élémentaire m d'un corps dont le centre de gravité soit G, et qui tourne autour d'un axe A. Le moment d'inertie de cet élément par rapport à l'axe A sera

$$m.\overline{Am}^2 = m.r^2.$$

Mais si l'on nomme $AG = d$ la distance du centre de

gravité à l'axe de rotation, et $Gm = r_1$ la distance de la molécule au centre de gravité, on a d'abord par le triangle Aam formé en abaissant ma sur AG prolongé

$$\overline{Am}^2 = \overline{Aa}^2 + \overline{ma}^2,$$

ou attendu que

$$\overline{Aa}^2 = AG^2 + 2AG \times aG + \overline{Ga}^2 ;$$
$$\overline{Am}^2 = \overline{AG}^2 + \overline{Gm}^2 + 2AG \times aG,$$

ou

$$r^2 = d^2 + r_1^2 + 2d.aG.$$

Le moment d'inertie de la masse m est donc

$$mr^2 = md^2 + mr_1^2 + 2.md.aG,$$

formule dans laquelle il faut observer que $m.aG$ est le moment de la masse m par rapport à un plan perpendiculaire à la ligne AG et passant par le centre de gravité. De même pour d'autres masses m',m'', etc., situées à des distances r', r'', r''', de l'axe A, et à des distances r_1', r_1'', r_1''', du centre de gravité, on aurait

$$m'r'^2 = m'd^2 + m'r_1'^2 + 2m'd.a'G,$$
$$m''r''^2 = m''d^2 + m''r_1''^2 + 2m''d.a''G.$$

Et par suite, en appelant I le moment total d'inertie par rapport à l'axe A, et $I_1 = mr_1^2 + m'r_1'^2 + m''r_1''^2 +$ etc., le moment d'inertie par rapport à l'axe parallèle passant par le centre de gravité G et M la masse totale des corps $= m + m' + m'' +$ etc., on a

$$I = M.d^2 + I_1 + 2d\,[m.aG + m'a'G + m''a''G + \text{etc.}].$$

Or le terme entre parenthèses est la somme des moments des masses élémentaires qui composent le corps par rapport à un plan qui passe par le centre de gravité;

elle est donc nulle, et la relation ci-dessus se réduit à

$$I = M.d^2 + I_t;$$

ce qui exprime que *le moment d'inertie d'un corps par rapport à un axe quelconque est égal au moment d'inertie du même corps par rapport à un axe parallèle au premier, et passant par le centre de gravité du corps augmenté du produit de la masse du corps par le quarré de la distance des deux axes.*

134. *Principe des forces vives dans le mouvement de rotation autour d'un axe.* — Il suit de ce qui a été dit au n° 132 qu'en appelant I le moment d'inertie total du corps que l'on considère, le travail développé par l'inertie pendant la variation élémentaire v_1 de la vitesse angulaire sera $I_1 V_1 v_1$, et l'on a vu que cette quantité doit être égale au travail développé dans le même temps par la résultante des forces extérieures; cela paraîtra d'ailleurs évident en observant que, si le travail des forces d'inertie était inférieur à celui de la résultante, en retranchant le premier du second, l'excès du travail de la résultante produirait une accélération ou une diminution de vitesse autre que celle qui a réellement lieu.

On a donc à un instant quelconque

$$I . V_1 v_1 = R . a_1 r_1$$

en appelant R la résultante de toutes les forces extérieures et r_1 son bras de levier.

Au bout d'un temps quelconque, le travail de cette résultante R, variable ou constante, s'obtiendra, soit directement , soit par la méthode de Simpson, et pourra être représentée par T.

Quant au travail total des forces d'inertie, le facteur I ne dépendant que des dimensions géométriques et de la matière dont le corps est composé , la somme de toutes les quantités de travail semblables, depuis le moment où la position pour laquelle la vitesse angulaire était V_1 jusqu'à celle où elle est devenue V_1', sera, d'après ce que l'on a vu précédemment, représentée par

$$\frac{1}{2} I \left(V_1'^2 - V_1^2\right)$$

si le mouvement s'est accéléré et si R était une force motrice, ou par

$$\frac{1}{2} I \left(V_1^2 - V_1'^2\right)$$

si le mouvement s'est retardé , R étant alors une résistance.

Par conséquent, au bout d'un temps quelconque, où la vitesse angulaire aura passé de la valeur V_1 à la valeur V_1', on aura entre les quantités de travail développées par les forces extérieures ou leur résultante et par les forces d'inertie la relation

$$T = \frac{1}{2} I \left(V_1'^2 - V_1^2\right).$$

On remarque que, I étant la somme des produits élémentaires $mr^2, m'r'^2$, etc., on a

$$I V_1^2 = mr^2 V_1^2 + m'r'^2 V_1^2 + \text{etc.},$$

expression dans laquelle $mr^2 V_1^2$, $m.r'^2 V_1^2$, sont évidemment ce qu'on a appelé précédemment les forces vives des masses m, m', etc.; donc $IV_1^2, IV_1'^2$, sont les sommes des forces vives, ou la force vive totale du corps, et la relation ci-dessus nous montre que *dans le mouvement de rotation comme dans le mouvement de translation le travail développé par les forces extérieures au bout d'un temps quelconque est égal à la moitié de la force vive acquise ou perdue par le corps pendant le même temps.*

On voit donc que le principe des forces vives, démontré précédemment pour les mouvements de translation parallèles, est encore vrai pour les mouvements de rotation autour d'un axe.

Or, comme un mouvement, une vitesse, un travail élémentaire quelconque, peut toujours être décomposé en deux mouvements, vitesses ou travaux élémentaires, l'un de translation dans le sens d'un certain axe, l'autre de rotation perpendiculaire à ce même axe, et que dans cette décomposition le quarré de la vitesse résultante est égal à la somme des quarrés des vitesses composantes, ou la somme des forces vives composantes égale à la force vive résultante et le travail résultant à la somme des travaux composants, il s'ensuit évidemment que *dans un mouvement quelconque le travail développé au bout d'un certain temps par les forces extérieures est égal à la moitié de la variation de la force vive correspondante au même intervalle.*

Tel est sous sa forme la plus générale l'énoncé du principe des forces vives, qui sert de base à la théorie générale des machines et des mouvements des corps.

XIIIᵉ LEÇON.

Avant d'appliquer ce principe au mouvement des machines, nous en ferons usage pour l'étude du mouvement des pendules, et en particulier des pendules balistiques.

135. *Théorie du pendule.* — Pour première application des principes précédents occupons-nous de la

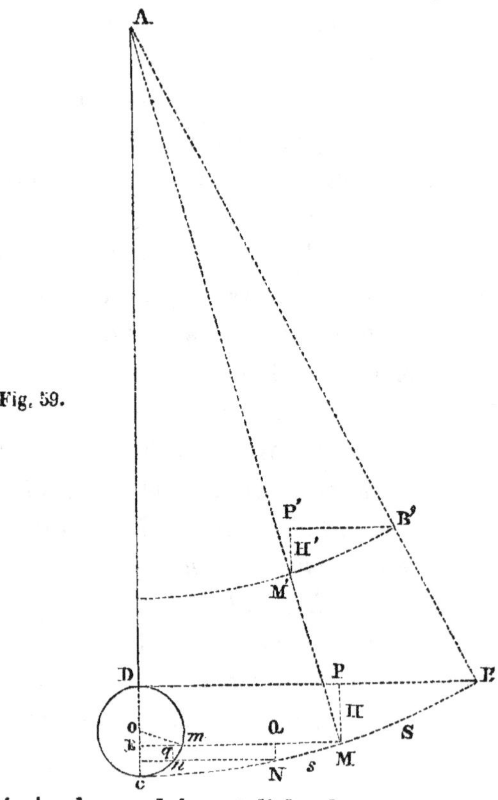

Fig. 59.

théorie du pendule, et d'abord supposons qu'il s'agisse du mouvement d'une masse élémentaire suspendue à une tige infiniment déliée, et cherchons les diverses circonstances du mouvement de cet appareil, qu'on nomme un pendule simple, et qui se trouverait ainsi à fort peu près dans les mêmes conditions qu'une balle de plomb suspendue à un fil de soie très fin.

Supposons que le pendule, parti du point B, soit parvenu en M et descendu par conséquent d'une hauteur MP$=$H, le travail développé par la gravité sera $mg.$H, et si l'on appelle V la vitesse de la masse m dirigée dans le sens de la tangente au cercle décrit, sa force vive sera mV^2, et d'après le principe des forces vives on aura

$$mV^2 = 2mgH \text{ ou } V^2 = 2gH.$$

La vitesse V de ce mouvement varié a d'ailleurs pour expression le rapport $\frac{s}{t}$ de l'arc élémentaire parcouru dans l'élément de temps t; la relation ci-dessus revient donc à

$$\frac{s^2}{t^2} = 2gH\,;$$

d'où

$$t^2 = \frac{s^2}{2gH},$$

où

$$t = s\sqrt{\frac{1}{2gH}}.$$

Si l'on compare ce pendule, dont la longueur AB$=r$, à un autre dont la longueur serait AB'$=r'$, qui décrirait un angle égal et qui serait placé dans un lieu où la vitesse communiquée aux graves dans la première seconde de leur chute serait g', on aurait de même

$$t'^2 = \frac{s'^2}{2g'H'}.$$

On aurait donc pour ces deux pendules la proportion

$$t^2 : t'^2 : : \frac{s^2}{g\mathrm{H}} : \frac{s^2}{g'\mathrm{H}'}.$$

Mais la condition que les angles décrits par les deux pendules soient égaux nous donne pour un même déplacement angulaire élémentaire

$$s : s' : : r : r', \text{ ou } s^2 : s'^2 : : r^2 : r'^2,$$

et de plus on a

$$\mathrm{H} : \mathrm{H}' : : r : r',$$

d'où

$$\frac{s^2}{\mathrm{H}} : \frac{s'^2}{\mathrm{H}'} : : r : r'.$$

par conséquent

$$t^2 : t'^2 : : \frac{r}{g} : \frac{r'}{g'};$$

d'où

$$t = t' \sqrt{\frac{g'}{g}} . \sqrt{\frac{r}{r'}}.$$

On remarquera que, les rapports $\frac{g'}{g}$ et $\frac{r}{r'}$ étant donnés et indépendants des angles décrits, il résulte de là que les temps élémentaires employés à parcourir les arcs élémentaires s et s' sont dans un rapport constant, et que par conséquent il en est de même de la somme de ces temps élémentaires ou des temps totaux T et T' employés à parcourir une oscillation entière. On a donc aussi

$$\mathrm{T} = \mathrm{T}' \sqrt{\frac{g'}{g}} . \sqrt{\frac{r}{r'}}.$$

Telle est la relation entre les durées des oscillations des

pendules simples en différents lieux et pour différentes longueurs.

Si l'on compare des pendules de même longueur, on a $r=r'$, et alors

$$\frac{T}{T'} = \sqrt{\frac{g'}{g}},$$

ce qui montre que les durées des oscillations des pendules simples de même longueur en différents lieux de la terre sont entre elles en raison inverse des racines quarrées des valeurs de g, et sert à déterminer celles-ci.

Quand on opère dans le même lieu, on a $g=g'$, et alors

$$\frac{T}{T'} = \sqrt{\frac{r}{r'}};$$

d'où il suit qu'alors les durées des oscillations sont entre elles comme les racines quarrées des longueurs des pendules, ainsi que Galilée l'avait découvert par l'observation avant la théorie.

136. *Durée des oscillations d'un pendule dont l'écart est très petit.* — Si dans la relation

$$t = \frac{s}{\sqrt{2gH}}$$

nous cherchons à introduire la valeur de l'arc élémentaire s, décrit dans l'instant t en fonction des données de la figure, nous avons par les triangles semblables MQN et MAE

$$MN : QN :: AM : ME, \text{ ou } s : QN :: r : ME;$$

d'où

$$MN = s = r \cdot \frac{QN}{EM}.$$

Or EM est moyenne proportionnelle entre CE et $2r - $ CE, $2r$ étant le diamètre du cercle décrit par le pendule; on a donc

$$EM = \sqrt{(2r - CE)CE} = \sqrt{2r \times CE - \overline{CE}^2}.$$

Mais quand l'amplitude des oscillations est très petite, on peut négliger le quarré de CE ou de la flèche de l'arc décrit, par rapport au produit $2r \times CE$, ce qui réduit la valeur ci-dessus à

$$EM = \sqrt{2r \times CE}.$$

On a donc

$$t = \frac{s}{\sqrt{2gH}} = \frac{QN.r}{\sqrt{2gH} \times \sqrt{2r \times CE}},$$

d'où

$$t^2 = \frac{r}{4gH} \cdot \frac{\overline{QN}^2}{CE} = \frac{s^2}{2gH}.$$

Mais si l'on décrit sur CD comme diamètre un cercle et qu'on mène les parallèles Mm et Nn à la corde BD, on aura

$$\overline{mE}^2 = CE \times DE = CE \times H,$$

ce qui donne

$$t^2 = \frac{r}{4g} \left(\frac{QN}{mE} \right)^2 = \frac{s^2}{2gH}.$$

Or les triangles semblables mOE et mqn donnent

$$qn \text{ ou } QN : mE : : mn : mO ;$$

d'où

$$\frac{QN}{mE} = \frac{nm}{mO}.$$

et par suite

$$t^2 = \frac{s^2}{2g\mathrm{H}} = \frac{r}{4g}\left(\frac{mn}{m\mathrm{O}}\right)^2,$$

d'où

$$t = \frac{1}{2}\sqrt{\frac{r}{g}}\cdot\frac{mn}{m\mathrm{O}}.$$

On voit donc que le temps infiniment petit employé par le pendule à parcourir un arc élémentaire MN est égal au produit du facteur constant

$$\frac{1}{2}\sqrt{\frac{r}{g}}\cdot\frac{1}{m\mathrm{O}}$$

par l'élément *mn* de la circonférence du cercle décrit sur CD comme diamètre. Donc la somme de tous les éléments de temps successivement employés à décrire l'arc BC sera égale au même facteur multiplié par la demi-circonférence, dont DC est le diamètre ou *m*O le rayon, laquelle est égale à $\pi m\mathrm{O} = 3.14.m\mathrm{O}$; on aura donc pour la durée totale de la demi-oscillation

$$\mathrm{T} = \frac{1}{2}\sqrt{\frac{r}{g}}\cdot\frac{\pi.m\mathrm{O}}{m\mathrm{O}} = \frac{\pi}{2}\sqrt{\frac{r}{g}},$$

et pour l'oscillation entière

$$\mathrm{T} = \pi\sqrt{\frac{r}{g}}.$$

Telle est la formule qui donne la durée des oscillations du pendule simple. On en tire pour la valeur de la vitesse communiquée aux graves dans la première seconde de leur chute par la pesanteur

$$g = \frac{\pi^2 r}{\mathrm{T}^2};$$

ce qui montre comment la connaissance de la durée des petites oscillations d'un pendule simple de longueur connue peut servir à déterminer la valeur du nombre g.

Mais le pendule simple n'est qu'une abstraction, et ce n'est que comme moyen d'approximation que l'on peut employer, ainsi que nous l'avons indiqué dans la première leçon, des balles de plomb ou autres corps lourds suspendus à un fil pour mesurer le temps par la durée de leur oscillation, et considérer cet appareil comme un pendule simple, dont toute la masse est réunie à son centre de figure.

Dans les cas ordinaires, pour les pendules des horloges, et à plus forte raison pour ceux que l'on emploie à la détermination des vitesses imprimées par la poudre aux projectiles, et qu'on nomme pour cette raison *pendules balistiques*, il faut tenir compte de la répartition de la masse.

157. *Du pendule composé*. — Considérons donc un corps solide qui tourne ou oscille autour d'un axe fixe, et cherchons les diverses circonstances de son mouvement.

En appelant d'abord, comme par le passé, I le moment d'inertie de ce corps par rapport à l'axe de rotation et V_1 la vitesse angulaire à un instant où son centre de gravité est descendu de la hauteur H, nous aurons encore par le principe des forces vives

$$IV_1^2 = 2Mg.H;$$

et si l'on nomme d la distance du centre de gravité du pendule à l'axe, et H_1 la hauteur dont un point situé à l'unité de distance est descendu, la proportion

$$H_1 : 1^m : : H : d,$$

d'où $H = H_1 d$, et la relation ci-dessus donne

$$V_1{}^2 = \frac{Md}{I} 2g . H_1.$$

Cette relation est de même forme que celle qui se rapportait au pendule simple, et n'en diffère que par le facteur $\frac{Md}{I}$, qui ne dépend que des dimensions et de la nature du corps.

On a encore ici pour la vitesse angulaire $V_1 = \frac{s_1}{t}$, ce qui conduit à la relation

$$t^2 = \frac{s_1{}^2}{\dfrac{Md}{I} 2g H_1}.$$

En raisonnant ici exactement comme on l'a fait pour le pendule simple et supposant les amplitudes d'oscillations très petites, ce qui permet de négliger l'influence de la résistance de l'air, on ferait voir encore que la fraction

$$\frac{s_1{}^2}{2gH_1} = \frac{r_1}{4y} \left(\frac{mn}{mo}\right)^2 = \frac{\pi}{4g} . \left(\frac{mn}{mo}\right)^2,$$

à cause de $r_1 = 1^m.00$; d'où il suit que la durée d'une fraction élémentaire d'une oscillation a pour expression

$$t = \frac{1}{2} \sqrt{\frac{I}{Mdg}} \times \frac{mn}{mo},$$

et que la durée totale de l'oscillation est

$$T = \pi \sqrt{\frac{I}{M.dg}}.$$

138. *Longueur du pendule simple qui fait ses oscillations dans le même temps qu'un pendule composé.* — Si l'on compare la formule du pendule simple à celle du pendule composé, on voit que, pour que les durées des oscillations soient égales, il faut que l'on ait

$$\pi \sqrt{\frac{r}{g}} = \pi \sqrt{\frac{I}{Mdg}},$$

ce qui donne pour la longueur cherchée du pendule simple

$$r = \frac{I}{Md}.$$

139. *Détermination du moment d'inertie d'un pendule composé.* — Lorsque dans la formule

$$T = \pi \sqrt{\frac{I}{Mdg}}$$

on connaîtra la masse totale du pendule, et la distance d de son centre de gravité à l'axe des couteaux ou de suspension, l'observation de la durée T des oscillations donnera pour le moment d'inertie par rapport à l'axe

$$I = \frac{T^2}{\pi^2}. \, Mdg,$$

ce qui dispensera du calcul, assez laborieux dans beaucoup de cas, de ce moment d'inertie.

Cette formule trouvera en particulier son application pour la détermination des moments d'inertie des volants des pendules balistiques, etc. Il suffira en effet de les faire osciller autour d'un axe quelconque, placé à une distance connue de leur centre de gravité, en les écartant fort peu de la verticale, et d'observer la durée de leurs oscillations en en comptant un grand nombre.

On se rappelle de plus (n° **133**) qu'en nommant I_1 le moment d'inertie par rapport à un axe qui passe par le

centre de gravité et parallèle à l'axe de suspension,
on a la relation

$$I = Md^2 + I,,$$

ce qui donnera au besoin le moment d'inertie par rapport à un axe passant par le centre de gravité.

Il en résulte aussi que la longueur du pendule simple qui fait ses oscillations dans le même temps que le
pendule composé, et que nous désignerons par k, a pour
expression

$$k = \frac{I}{Md} = d + \frac{I,}{Md},$$

et qu'elle est toujours plus grande que celle du centre
de gravité à l'axe.

En portant sur la ligne AG, qui joint l'axe au centre
de gravité, une longueur

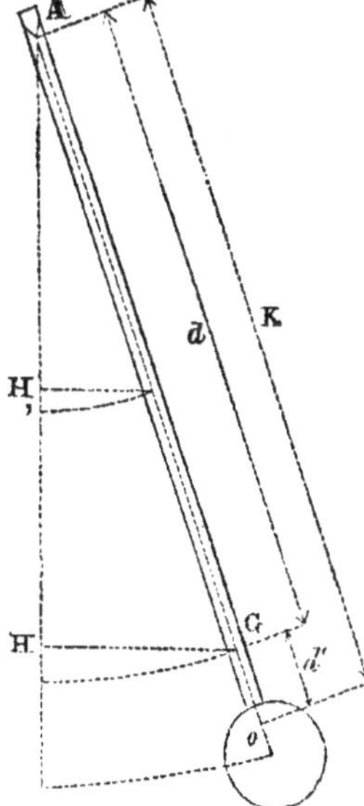

Fig. 60.

$$AO = d + \frac{I,}{Md}$$

tous les points qui se trouveront
sur la parallèle à l'axe menée
par le point O pourront être regardés comme les centres d'autant
de pendules simples dont les oscillations se feraient dans le même
temps que celles du pendule composé. Ce point O ainsi déterminé
se nomme le *centre d'oscillation
du pendule.*

Il est bon de remarquer que le point A serait réciproquement le centre d'oscillation du même pendule, si le centre O devenait celui de suspension. En effet, si l'on nomme d' la distance OG du centre de gravité au point O, on aurait pour la distance k' du nouveau centre d'oscillation à l'axe O

$$k' = d' + \frac{I_{\scriptscriptstyle 1}}{M d'};$$

mais

$$O\,G = d' = k - d = \frac{I_{\scriptscriptstyle 1}}{M d},$$

d'où

$$\frac{I_{\scriptscriptstyle 1}}{M d'} = d,$$

et par suite

$$k' = k - d + d = k.$$

140. *Détermination du centre de gravité des pendules*

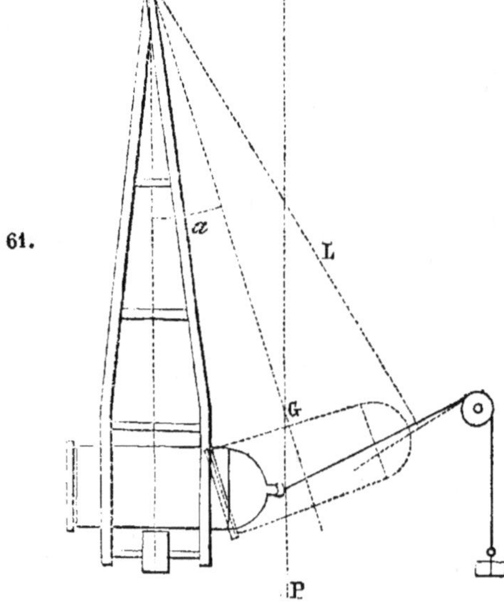

composés. — Cette opération s'exécute par le calcul ou

par les moyens indiqués au n° 123, ou par la combinaison des deux méthodes. Quelquefois, pour les pendules
balistiques dont le poids s'élève à plusieurs milliers de
kilogrammes, on emploie le moyen suivant. On fixe en
un point quelconque de leur suspension, au canon ou au
récepteur, une corde qui passe sur une poulie de renvoi et à laquelle on suspend un poids qui soutient le
pendule dans une inclinaison déterminée. La poulie doit
être grande, son axe petit et bien graissé, de manière
qu'on puisse négliger le frottement ou être certain de
ne pas commettre d'erreur notable en le calculant. Le
frottement des couteaux, qui ne font que rouler sur leurs
coussinets, peut être négligé ; on connaît d'ailleurs et l'on
a pu déterminer d'avance la position et même les traces
du plan vertical qui contient le centre de gravité, quand
l'appareil est libre: il est donc facile de mesurer l'inclinaison que prend ce plan sous l'action d'un contre-poids
donné. Cela fait, appelons

p le poids du pendule ;

d la distance cherchée de son centre de gravité à
l'axe des couteaux ;

a l'inclinaison du plan qui passe par le centre de gravité et par l'axe des couteaux avec la verticale ;

L la perpendiculaire abaissée de cet axe sur la direction de la corde ;

T la tension de cette corde, on a la relation

$$\mathrm{TL} = p.d \, \sin a;$$

d'où

$$d = \frac{\mathrm{TL}}{p. \, \sin a}$$

141. *Centre de percussion.* — Lorsqu'un corps

(fig. 62) reçoit un mouvement de rotation autour de l'axe A, que nous supposons ici perpendiculaire au plan

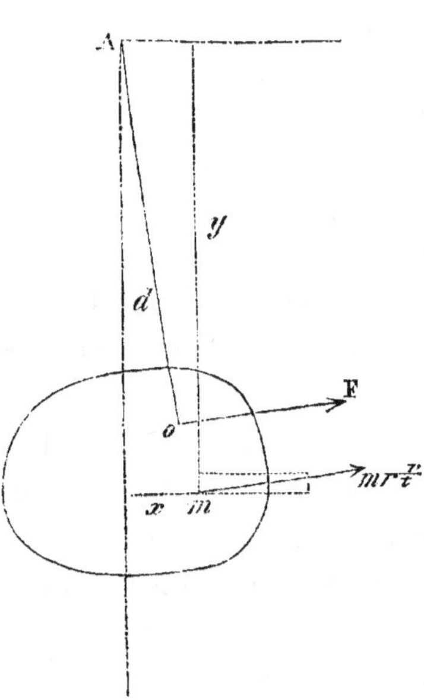

Fig. 62.

du tableau, chaque masse élémentaire de ce corps développe des forces d'inertie partielles perpendiculaires aux distances respectives de chacune d'elles à leur axe, et dont l'intensité est mesurée par $mr\dfrac{v_1}{t}$, selon la notation adoptée au n° **132**. Le moment de chacune de ces forces par rapport à l'axe de rotation est $mr^2 . \dfrac{v_1}{t}$, et la somme de tous les moments semblables a pour valeur $I . \dfrac{v_1}{t}$.

Si l'on décompose chaque force particielle $m . r\dfrac{v_1}{t}$ en deux autres, l'une horizontale et l'autre verticale, et qu'on nomme x et y l'abscisse et l'ordonnée de m par rapport à un plan vertical et à un plan horizontal passant par l'axe A, la première composante sera évidemment

$$mr . \frac{v_1}{t}\frac{y}{r} = \frac{mv_1}{t} . y,$$

et la seconde sera

$$mr . \frac{v_1}{t} . \frac{x}{r} = \frac{mv_1}{t} x.$$

Si l'on appelle x_1 et y_1 les coordonnées du centre de gravité du corps, on aura évidemment, en faisant séparément la somme de toutes les composantes horizontales et verticales, d'après la théorie des forces parallèles:

$$\frac{v_1}{t}[my + m'y' + \ldots] = \frac{v_1}{t}\, My_1$$

et

$$\frac{v_1}{t}[mx + m'x' + \text{etc.}] = \frac{v_1}{t}Mx_1.$$

D'où il suit encore que la résultante de ces deux groupes de forces rectangulaires sera

$$\frac{v_1}{t}M\sqrt{x_1^2 + y_1^2} = \frac{v_1}{t}M.d,$$

et qu'elle fait avec l'axe horizontal et l'axe vertical des coordonnées des angles dont les cosinus sont respectivement $\frac{y_1}{d}$ et $\frac{x_1}{d}$, en sorte qu'elle est perpendiculaire à la distance d du centre de gravité à l'axe.

Cela posé, si l'on désigne par O le point d'application de cette résultante $F = \frac{v_1}{t}M.d$, son moment sera égal à la somme de ceux de toutes les forces d'inertie du corps, et l'on aura

$$F \times AO = \frac{v_1}{t}.M.d \times AO = I\frac{v_1}{t};$$

d'où

$$AO = \frac{I}{Md}.$$

Le point ainsi déterminé se nomme le *centre de percussion*. Il est tel, qu'une force capable de produire dans l'élément de temps la variation de vitesse angulaire v_1

et qui serait appliquée à ce point serait précisément égale à la résultante de toutes les forces d'inertie des différents éléments des corps. Donc la pression, ou, comme on dit ordinairement, la percussion, qui résulterait sur l'axe de cette force et de cette résultante, qui seraient alors égales et directement opposées, serait nulle.

Donc aussi réciproquement, pour que cette pression soit nulle, il faut que la force extérieure qui produit la variation du mouvement passe par le centre de percussion pour qu'il n'y ait pas de choc sur les couteaux ou sur l'axe de rotation.

On remarquera que la distance du centre de percussion à l'axe est la même que celle du centre d'oscillation et que ces deux points se confondent. C'est pourquoi l'on doit, dans les pendules balistiques, faire en sorte que l'action de la poudre ou le choc du projectile ait lieu précisément à hauteur du centre d'oscillation.

142. *Théorie du pendule balistique.* — On emploie généralement aujourd'hui dans le service des poudres, pour la réception et l'épreuve des poudres, un appareil connu sous le nom de *pendule balistique* (pl. III, fig. 12), dont l'invention appartient à l'Anglais Robins, célèbre professeur d'artillerie, mais qui a reçu en France, dans ces derniers temps, de notables perfectionnements.

Ceux qui sont en usage dans les poudreries françaises, soit pour les épreuves au fusil, soit pour celles au canon, se composent d'un récepteur en fonte fixé à une suspension en fer. Ce récepteur contient une matière molle ou compressible, susceptible de recevoir et d'amortir le choc et la vitesse d'un projectile sans que la rupture du récepteur puisse avoir lieu.

Le tir a lieu à hauteur de l'axe du récepteur, qui est horizontal. Nous appellerons ici, comme dans l'*Aide-Mémoire des officiers d'Artillerie*,

R le rayon de l'arc décrit par l'aiguille qui fait marcher un curseur le long d'un limbe gradué indiquant les angles de recul;

i la distance du point choqué au point d'impact au plan horizontal des couteaux;

k la distance du centre d'oscillation à l'horizontale des couteaux;

p le poids total du pendule chargé, c'est-à-dire y compris les tampons ou barils pleins de sable pour ceux à canons ou le bloc de plomb et la planchette pour ceux à fusils;

d la distance du centre de gravité du pendule chargé à la ligne des couteaux;

b le poids du projectile;

c la corde de l'arc de recul;

a l'angle décrit par le pendule;

$g = 9^m.8088$;

V la vitesse du projectile à l'instant où il atteint le recepteur;

V_1 la vitesse angulaire communiquée au pendule après le choc.

Il faut d'abord remarquer que pendant le choc il se développe aux points de contact des projectiles et du récepteur des efforts d'action et de réaction égaux et directement opposés.

L'action exercée sur le récepteur accélère son mou

vement, et, d'après ce qui précède, le moment de cette force par rapport à l'axe de rotation doit être égal à celui de toutes les forces d'inertie des molécules matérielles qui composent le pendule.

En continuant à nommer v_i le petit accroissement de vitesse angulaire communiqué au pendule pendant l'élément de temps t, la résistance d'une masse élémentaire m située à la distance r de l'axe sera, comme on l'a déjà dit, exprimée par $mr.\dfrac{v_i}{t}$, son moment par rapport à l'axe sera $mr^2.\dfrac{v_i}{t}$, la somme de tous les moments semblables sera $\mathrm{I}.\dfrac{v_i}{t}$, et elle devra être égale au moment de l'effort exercé au même instant par le projectile.

Mais d'un autre côté ce projectile qui agit perpendiculairement à la distance i eu plan horizontal des couteaux perd dans l'élément de temps un petit degré de vitesse v, et son inertie, qui est la même pour tous les points qui sont animés de vitesses à très peu près égales et parallèles, donne lieu à un effort moteur exprimé par $\dfrac{b}{g}.\dfrac{v}{t}$, dont le moment par rapport à l'axe des couteaux est $\dfrac{b}{g}i.\dfrac{v}{t}$.

Ainsi, à un instant quelconque du choc, on doit avoir entre les actions développées par le projectile et la réaction du pendule la relation

$$\frac{b}{g}i\frac{v}{t}=\mathrm{I}\frac{v_i}{t}$$

ou

$$\frac{b}{g}i.v=\mathrm{I}v_i.$$

En établissant des relations analogues pour tous les

degrés élémentaires de vitesse perdus successivement par le projectile et gagnés par le pendule, on aura en les ajoutant :

$$\frac{b}{g}i\,[v+v'+v''+\text{etc.}] = \text{I}\,[v_{,}+v'_{,}+v''_{,}+\text{etc.}].$$

Or la somme $v+v'+v''+$ etc., est évidemment égale à la vitesse totale perdue par le projectile depuis le moment où il a atteint le récepteur avec la vitesse V jusqu'à celui où, ayant perdu toute vitesse relative par rapport au récepteur, il a marché avec ce corps d'une vitesse commune égale à $\text{V}_{,}i$, en nommant $\text{V}_{,}$ la vitesse angulaire communiquée à ce corps ; on a donc

$$v+v'+v''+\text{etc.} = \text{V} - \text{V}_{,}i.$$

D'autre part, le récepteur partant du repos et acquérant par le choc la vitesse finale angulaire V_{1}, on a

$$v_{,}+v_{,}'+v_{,}''+\text{etc.} = \text{V}_{,}.$$

La relation ci-dessus devient donc

$$\frac{b}{g}i\,[\text{V}-\text{V}_{,}i] = \text{IV}_{,} = \frac{p}{g}dk.\text{V}_{,},$$

attendu que $\text{I} = \dfrac{p}{g}dk.$

On tire de cette expression

$$\text{V}_{,} = \frac{bi\text{V}}{bi^2+pdk},$$

et l'on a d'ailleurs vu que, pour qu'il n'y ait pas de choc, on doit avoir $i = \text{K}.$

Mais d'une autre part, quand le pendule recule, son centre de gravité s'élève, et bientôt la force vive qu'il possédait ainsi que celle du projectile qu'il a reçu, sont éteintes et doivent être égales au double du travail développé par la pesanteur et le frottement de roulement des couteaux que l'on néglige.

L'angle décrit par le pendule étant a, il est clair que son centre de gravité s'est élevé de la quantité

$$d - d\cos a = d(1 - \cos a) = 2d \sin^2 \tfrac{1}{2}a.$$

Le projectile est resté à la distance de l'axe de rotation et s'est élevé de la hauteur

$$i - i\cos a = 2i \sin^2 \tfrac{1}{2}a;$$

donc le travail total développé par la gravité sur le pendule et le boulet a pour expression

$$(pd + bi)\, 2 \sin^2 \tfrac{1}{2}a.$$

La force vive possédée par ces deux corps à la fin du choc ou de leur réaction réciproque est

$$\frac{V_{\scriptscriptstyle\prime}^2}{g}\, [pdk + bi^2].$$

on a donc

$$\frac{V_{\scriptscriptstyle\prime}^2}{g}\, [pdk + bi^2] = 4\,[pd + bi] \sin^2 \tfrac{1}{2}a;$$

d'où

$$V_{\scriptscriptstyle\prime} = \sqrt{\frac{(pd + bi)g}{pdk + bi^2}}\,.\, 2 \sin\tfrac{1}{2}a.$$

En égalant cette valeur de $V_{\scriptscriptstyle\prime}$ à la précédente, on a

$$\frac{biV}{bi^2 + pdk} = \sqrt{\frac{(pd + bi).g}{pdk + bi^2}}\, 2 \sin\tfrac{1}{2}a,$$

d'où l'on tire

$$V = \frac{\sqrt{(pdk + bi^2)\,(pd + bi)g}}{bi}\,2\sin\tfrac{1}{2}a.$$

Telle est la formule qui sert à calculer les vitesses initiales des projectiles au moyen des données qui y entrent et de l'angle de recul.

On remarquera qu'en nommant C la corde des arcs de recul dont le rayon est R, on a

$$2\sin\tfrac{1}{2}a = \frac{C}{R},$$

ce qui donne

$$V = \frac{\sqrt{(pdk + bi^2)\,(pd + bi)g}}{bi}\cdot\frac{C}{R}.$$

C'est sous cette forme qu'elle est rapportée dans l'*Aide-Mémoire d'artillerie*.

On a vu que la condition de ne pas avoir de choc sur les couteaux conduisait à celle de $i = k$. Si elle était complétement satisfaite, la formule ci-dessus se réduirait à

$$V = \frac{pd + ib}{bR}\sqrt{\frac{g}{i}}\cdot C;$$

ce qui montre qu'alors les vitesses mesurées seraient proportionnelles aux cordes des arcs de recul.

Mais cette condition, dont on s'est beaucoup approché dans la construction des nouveaux pendules à canons de Metz, du Bouchet et de Vincennes, n'est pas à beaucoup près satisfaite dans les pendules des fusils, et c'est ce qui y occasionne de si sensibles vibrations.

Les officiers d'artillerie trouveront plus de détails sur ces appareils dans l'instruction sur les épreuves semestrielles des poudres avec les pendules balistiques.

*XIV*ᵉ *LEÇON.*

143. *Application du principe des forces vives aux machines.* — Pour appliquer ce principe au mouvement des machines, il faut examiner séparément les circonstances et les conditions de l'action des différentes forces auxquelles elles sont soumises. Ces forces peuvent se classer ainsi qu'il suit:

1° Les puissances qui produisent, entretiennent ou accélèrent le mouvement, et dont le travail, que nous désignerons par FE, F étant l'effort moyen de leur résultante, est toujours développé dans le sens du mouvement et par conséquent positif.

2° Les résistances utiles qu'il faut vaincre ou détruire pour produire l'effet proposé, l'ouvrage que la machine doit exécuter, et qui détruisent, retardent ou modèrent le mouvement. Le travail de ces résistances, que nous désignerons par Q.E', est toujours développé en sens contraire de celui des puissances, et doit en être retranché.

3° Les résistances nuisibles ou passives inhérentes au mouvement, telles que les frottements, la résistance au roulement; celles de l'air, de l'eau, etc., qui absorbent inutilement une portion du travail moteur, retardent, modèrent ou détruisent le mouvement, et dont le travail, que nous représenterons par R.E″, se retranche toujours du travail des puissances.

4° L'action de la gravité, que l'on devra considérer séparément toutes les fois qu'elle agira tantôt comme puissance, tantôt comme résistance, et dont le travail, représenté par PH, sera positif ou additif à celui des puissances dans le premier cas et négatif ou soustractif dans le second. Mais, quand la gravité agira toujours comme puissance, comme dans les roues hydrauliques, les horloges à poids, etc., elle devra être comprise parmi les puissances; et à l'inverse, quand elle agira toujours comme résistance utile, comme dans les machines d'extraction ou dans l'élévation des fardeaux, etc., elle devra être réunie aux résistances utiles.

D'après cette classification des forces, le principe des forces vives sera représenté par l'équation

$$\frac{1}{2} I\, [V_{\text{\tiny I}}'^2 - V_{\text{\tiny I}}^2] = FE - QE' - RE'' \pm PH,$$

en supposant qu'il n'y ait que des pièces de rotation, ou en général

$$\frac{1}{2} M\, [V'^2 - V^2] = FE - QE' - RE'' \pm PH;$$

les expressions IV'^2, MV'^2, etc., représentant la somme de toutes les forces vives analogues des parties de la machine.

Cette relation se rapporte à un intervalle de temps fini, et l'on a vu que pour un élément de temps ou un déplacement infiniment petit on avait aussi

$$IV_{\text{\tiny I}} v_{\text{\tiny I}} = Fe - Qe' - Re'' \pm Ph.$$

Le but de l'établissement de toute machine étant de vaincre une résistance utile, de faire un certain ouvrage, il est évident que c'est le travail QE' ou Qe' de ces résistances utiles qui doit être rendu le plus grand possible ou un maximum; si nous en tirons la valeur ci-dessus, nous aurons

$$QE' = FE - RE'' \pm PH + \tfrac{1}{2}IV_{,}^{2} - \tfrac{1}{2}IV_{,}'^{2},$$

ou pour l'élémént de temps

$$Qe' = Fe - Re'' \pm Ph - IV_{,}v_{,}.$$

144. *Conditions du maximum d'effet des machines.*— Examinons successivement les conditions auxquelles il convient de satisfaire, autant que possible, pour que le travail utile soit un maximum.

Travail des puissances. — Remarquons d'abord que pour chaque espèce de moteur ou de puissance il y a un effort maximum correspondant à une vitesse nulle, pour laquelle le travail est nul, et une vitesse maximum correspondant à un effort nul et par conséquent encore à un travail nul. Ainsi, pour les moteurs animés, l'effort et la vitesse ont des limites absolues, pour lesquelles l'un est nul quand l'autre est à son maximum. Il en est de même pour les roues hydrauliques, pour lesquelles l'effort est à son maximum quand la vitesse est nulle, et à son minimum quand la vitesse est la plus grande que l'on puisse communiquer dans la marche à vide. De même encore pour les machines à vapeur, pour les moulins à vent, etc.

Entre ces limites extrêmes il y a une certaine vitesse qui, pour chaque puissance motrice, selon sa nature et la combinaison des organes mécaniques, correspond à une quantité de travail maximum, développée par la puis-

13

sance ; et comme il arrive souvent que pour des vitesses plus grandes ou plus petites ce travail diminue rapidement, il en résulte qu'il importe beaucoup de conserver aux points d'application de la puissance motrice cette vitesse correspondante à son maximum d'effet, et par conséquent au récepteur de cette puissance un mouvement uniforme.

145. *Travail des résistances utiles.* — Il y a lieu de faire les mêmes observations pour le travail des résistances utiles : car, selon la nature des outils et des produits, il y a une certaine vitesse à laquelle correspond la meilleure qualité des produits, le meilleur effet, ou la plus longue durée des outils : ainsi pour la mouture des blés, le laminage des fers, pour l'étirage et la filature des cotons, des laines, etc., il y a une vitesse convenable à la qualité et à la nature des produits à obtenir; dans les scieries, les tours à métaux, les pompes, etc., la conservation des outils ou l'économie du travail exigent que la vitesse ne dépasse pas certaines limites, etc. Donc encore, pour les résistances utiles, comme pour les puissances motrices, il convient que le mouvement soit uniforme.

146. *Travail des résistances nuisibles ou passives.* — Quant aux résistances nuisibles ou passives, le travail qu'elles consomment étant toujours dépensé en pure perte, il est évident qu'il faut chercher à le rendre le plus petit possible. Il faudra donc diminuer le frottement, et par conséquent le poids des pièces qui glissent les unes sur les autres ; rendre leurs surfaces polies, les entretenir toujours bien graissées, diminuer les chemins parcourus par les parties frottantes. Pour la résistance de l'air ou de l'eau il conviendra de limiter les vitesses, et de donner aux corps les formes les plus convenables pour atténuer ces résistances, etc.

Pièces à mouvement alternatif. — Le travail dû au poids des pièces qui montent et descendent alternativement et périodiquement de la même hauteur étant nul pour chaque période, on voit qu'il n'y aurait pas lieu de s'en occuper dans les machines dont le mouvement embrasse un grand nombre de périodes semblables, si ces alternatives, en augmentant ou diminuant périodiquement le travail moteur, ne produisaient dans le mouvement des variations correspondantes qui altèrent l'uniformité du mouvement dont on a reconnu la nécessité.

Si donc on ne peut supprimer tout à fait les pièces qui montent ou descendent périodiquement, il conviendra d'en limiter le nombre et l'influence autant que possible, et la condition générale sera de n'employer que des pièces centrées par rapport à leur axe de rotation, ou dont le centre de gravité reste à la même hauteur.

A ce sujet nous pourrions montrer une courbe d'expérience obtenue sur un ventilateur qui, par la nature de la résistance à vaincre, devait avoir un mouvement uniforme, et qui, par l'effet d'un défaut de centrage, présentait au contraire des variations périodiques très considérables.

Ce que nous venons de dire des pièces qui s'élèvent et s'abaissent périodiquement sous l'action de la pesanteur se rapporte aussi aux pièces à mouvement alternatif, telles que les châssis de scies horizontaux, etc., dont la force vive variable s'oppose à l'uniformité du mouvement.

147. *Influence de la force vive possédée ou acquise à chaque période.* — On voit par l'équation du principe des forces vives que, si la force vive a diminué pendant ɪa période que l'on considère, la moitié de cette diminution représente un travail qui s'ajoute à celui du moteur, et que, si au contraire la force vive a augmenté, la moitié de sa variation représente la portion du travail moteur absorbée pour la produire. Si donc le mouvement est périodique, on voit que dans les accélérations du mouvement, l'inertie des masses absorbe, emmagasine une portion du travail moteur, qu'elle restitue ensuite dans les retards. L'inertie joue donc ici véritablement le rôle d'un réservoir de travail, absolument comme l'étang, le réservoir d'une roue hydraulique, reçoit et conserve l'eau d'un ruisseau quand la roue ne consomme pas tout, et la lui fournit au contraire en se vidant quand cette roue en dépense plus que la source n'en fournit.

Les exemples de ces effets sont aussi nombreux que remarquables dans le jeu des machines : ainsi, dans la marche des laminoirs que l'on met en mouvement avant de passer le fer entre les cylindres , toutes les pièces de la machine prennent un mouvement accéléré et absorbent une portion considérable du travail moteur ; puis, quand on passe le métal pour l'étirer , le travail de la résistance l'emportant sur celui de la puissance , le mouvement se retarde, et l'inertie des masses restitue, développe en faveur du moteur la quantité de travail qu'elle avait précédemment absorbée.

Il en est de même dans l'action des balanciers, des marteaux, de la pédale du remouleur, etc.

Mais comme ces variations de force vive correspondent à des variations de vitesse, il importe de les restreindre, de les limiter autant que possible, afin d'obtenir un mouvement voisin de l'uniformité.

148. *Cas du mouvement périodique.* — Il y a beaucoup de machines qui, par leur constitution ou par la nature de leur travail, ne peuvent être douées du mouvement uniforme : de ce nombre sont toutes celles où le moteur ou l'outil agissent par intermittences, ou dans des directions alternatives, comme les machines à vapeur ou à colonne d'eau d'une part, et de l'autre les scieries, les pompes, les marteaux, etc. Dans tous les cas pareils il faudra d'abord limiter le nombre des pièces douées du mouvement alternatif à ce qui sera strictement nécessaire, et répartir les variations de résistance ou de travail par intervalles égaux.

Lorsque par ces moyens on sera parvenu à rendre le mouvement exactement périodique, et quand la force vive absorbée dans les accélérations sera restituée dans les retards, on pourra, en calculant l'effet d'une période entière, se dispenser de tenir compte de la variation de la force vive, qui sera nulle pour la durée de cette période.

149. *Avantages et conditions du mouvement uniforme.* — Mais en général le mouvement uniforme étant à la fois le plus favorable à l'action des moteurs et des outils, et donnant lieu à une moindre perte de travail par l'effet des résistances passives, puisqu'il permet de donner à toutes les pièces des machines des dimensions et par suite des poids moindres, il s'ensuit qu'il faut employer tous les moyens possibles pour l'obtenir, ou au moins pour en approcher.

Il faut donc n'employer, si l'on peut, comme organes de transmission du mouvement, que des pièces à mouvement continu dont le centre de gravité reste à la même hauteur, des roues exactement centrées, etc., répartir la matière à travailler d'une manière continue, ou tout au moins par intervalles égaux, ainsi que le font le babillard des moulins, le pied-de-biche des scieries, etc.

150. *Inconvénients du mouvement varié et moyens de les diminuer.* — Outre les inconvénients relatifs à l'irrégularité d'action de la puissance motrice et de la résistance utile que nous avons signalés, le mouvement varié a celui d'obliger à donner aux pièces qui y sont soumises des dimensions plus considérables que celles qu'exige le mouvement uniforme relatif au même travail, puisque les efforts auxquels ces pièces doivent résister sont, à certains instants, plus grands que l'effort constant qui correspondrait au mouvement uniforme. De là résultent un excédant de poids et un surcroît de frottement outre les chocs et les altérations de forme plus ou moins sensibles qui se produisent dans les changements de vitesse.

Tous ces inconvénients étant d'autant plus grands que les forces vives des pièces à mouvement alternatif sont plus considérables, il faudra donc, après avoir limité leurs dimensions à ce qui sera nécessaire, rendre leurs vitesses aussi petites que possible par rapport à celles des pièces douées du mouvement uniforme ou voisin de l'uniformité.

151. *Moyen de resserrer les écarts de la vitesse entre des limites données. Observations sur la mise en marche des machines.* — La relation

$$IV_i v_i = Fe - Qe' - Re'' \pm Ph$$

nous donne pour la variation élémentaire de la vitesse

$$v_i = \frac{Fe - Qe' - Re'' \pm Ph}{IV_i}.$$

On voit que la vitesse croîtra quand le travail moteur élémentaire Fe sera plus grand que la somme des quantités de travail de toutes les résistances ; mais que, pour un excès donné, la variation, l'accroissement de la vitesse sera d'autant moindre que la vitesse V_i possédée par le corps sera plus grande, et que le moment d'inertie I des masses en mouvement sera plus considérable. De même, quand le travail moteur élémentaire sera inférieur au travail des résistances, la vitesse décroîtra, mais d'autant moins que la vitesse et le moment d'inertie seront plus grands.

Les mouvements rapides et ceux dans lesquels les moments d'inertie sont considérables sont donc les plus *stables*, ou ceux qui, par l'action de causes données, éprouvent le moins d'altération.

Quand une machine part du repos, sa vitesse, d'abord nulle, croît graduellement, ce qui provient de ce qu'alors le travail du moteur l'emporte à chaque instant sur celui de la résistance. Mais d'une part le travail moteur atteint sa valeur maximum à une certaine vitesse passée laquelle il décroît, et de l'autre le travail des résistances croît souvent avec la vitesse, de sorte que bientôt l'on a l'égalité

$$Fe = Qe' - Re'' \pm Ph.$$

A cet instant, la variation, l'accroissement v_1 de la vitesse est nul, et cette vitesse a atteint son maximum. Si cette égalité du travail moteur et du travail résistant subsiste, le mouvement devient uniforme; mais cela ne peut arriver qu'autant que le terme $\pm Ph$ est nul, c'est-à-dire que le centre de gravité de toutes les pièces reste toujours à la même hauteur.

Cette condition du mouvement uniforme est en quelque sorte évidente d'elle-même, puisqu'elle revient à énoncer que le travail des puissances qui tendent à accélérer ou entretenir le mouvement doit être égal à celui des résistances qui tendent à le retarder ou à le détruire.

Le travail élémentaire étant, ainsi que nous l'avons fait remarquer déjà au n° 108, ce qu'on nomme, en mécanique rationnelle, *le moment virtuel*, on voit que l'énoncé précédent revient encore à dire que, pour le mouvement uniforme, ou pour l'équilibre, qui n'en est qu'un cas particulier, le moment virtuel des puissances doit être égal à celui des résistances, ou leur somme égale à zéro.

152. *Observation relative au mouvement perpétuel.* — La vitesse ne pouvant rester la même qu'autant que sa variation élémentaire $v_1 = o$, on doit alors avoir

$$Fe = Qe' + Re'' \mp Ph.$$

Or, en supposant même que le travail de la résistance

utile Qe' fût nul, auquel cas la machine ne servirait à rien, celui des résistances nuisibles Re'' ne serait jamais nul, puisqu'il ne peut y avoir de machines sans poids et par conséquent sans frottements. Il faudra donc toujours un certain travail moteur Fe pour entretenir le mouvement; ce qui montre l'absurdité de toutes les tentatives sans cesse renouvelées pour obtenir ce qu'on nomme le *mouvement perpétuel*, c'est-à-dire un mouvement qui s'entretient de lui-même sans le secours d'aucune force motrice extérieure.

155. *Mouvement périodique.* — Il arrive fort rarement que le travail moteur reste toujours égal à celui des résistances, à partir de l'instant où la vitesse a acquis sa valeur maximum. Le plus souvent, au contraire, le travail résistant commence alors à l'emporter sur le travail moteur, la variation de la vitesse devient négative, et le mouvement se ralentit. Mais, comme alors le travail des résistances utiles ou passives peut diminuer, tandis qu'en même temps celui de la puissance s'accroît, l'excès du premier sur le second diminue, le mouvement se retarde de moins en moins, et l'on a de nouveau

$$Fe = Qe' + Re'' \mp Ph.$$

La vitesse cessant alors de diminuer, elle atteint son minimum.

Si la diminution de la vitesse ne va pas jusqu'à éteindre le mouvement, il arrive ensuite une autre période d'accélération limitée à un second maximum de vitesse, et ainsi de suite.

Les machines marchent donc la plupart du temps d'un

mouvement périodique, tantôt accéléré, tantôt retardé, dans lequel la vitesse atteint successivement et alternativement des maxima et minima ; mais, ces périodes s'accomplissant ordinairement dans des temps égaux, on substitue, comme nous l'avons dit, à cette vitesse variable, assez difficile à déterminer, la considération d'une vitesse moyenne.

XVᵉ LEÇON.

154. *Manière de limiter les écarts de la vitesse. Théorie des volants.* — Après avoir employé tous les moyens ordinaires pour régulariser le jeu des machines, il en reste encore un autre pour renfermer les variations de vitesse entre des limites convenables pour chaque cas, sous l'action d'excès donnés et alternatifs du travail moteur ou résistant.

Si l'on considère en effet l'équation du principe des forces vives

$$I\,[V_1'^2 - V_1^2] = 2\,[FE - QE' - RE'' \pm PH] = 2\,T,$$

on voit que pour une période déterminée dans laquelle la vitesse aura varié de V_1 à V_1', sous l'influence d'un excès donné T du travail moteur sur le travail résistant, la variation du quarré des vitesses sera

$$V_1'^2 - V_1^2 = \frac{2T}{I},$$

et d'autant plus petite que le moment d'inertie des pièces douées du mouvement de rotation, ou la masse des pièces animées d'un mouvement de transport, sont plus considérables. Ainsi, après avoir, par une bonne disposition des machines, par une répartition symétrique des résistances, etc., diminué autant que possible l'excès alternatif de travail qui produit l'irrégularité, on pourra restreindre autant qu'on le voudra la variation de vitesse en augmentant le moment d'inertie ou la masse de toutes les pièces mobiles, ou, ce qui est plus simple, le moment d'inertie de l'une d'elles, spécialement destinée à cet usage.

Cette pièce est ce que l'on nomme *le volant*, qui se compose d'un anneau ordinairement en fonte, d'un grand diamètre, avec bras en fonte, que l'on place aussi près que possible des parties de la machine douées du mouvement variable, afin que l'irrégularité qu'elles occasionnent se transmette moins aux autres organes.

Dans l'établissement de volant on néglige ordinairement l'influence régulatrice des autres masses, et par conséquent on assure une régularité plus grande que celle obtenue par le volant seul.

On remarquera d'abord que la différence des quarrés

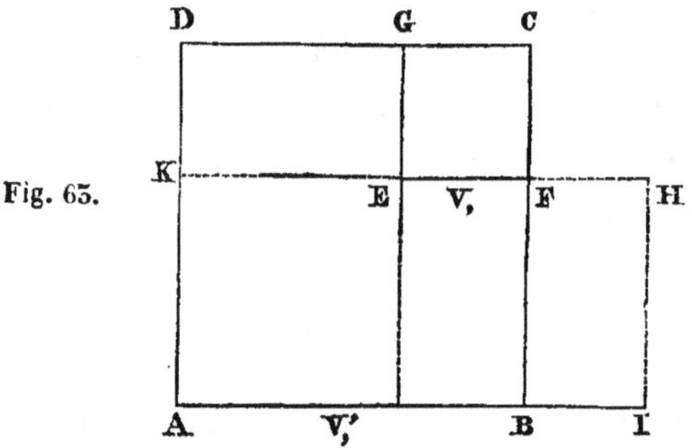

Fig. 63.

des vitesses

$$V_i'^2 - V_i^2 = (V_i' + V_i)(V_i' - V_i),$$

ce qui est évident par l'examen de la figure, où

$$AB = V_i' \text{ et } EF = V_i.$$

En effet

$$V_i'^2 - V_i^2 = ABCD - EFCG = ABFK + KEGD$$
$$= AIHK = AI \times LH = (V_i' + V')(V_i' - V_i).$$

Si de plus on appelle U la moyenne arithmétique

$$\frac{V_1' + V_1}{2}$$

entre les vitesses V_1' et V_1, on remarquera que U différera très peu de la vitesse moyenne de la machine déduite du nombre de tours qu'elle fait, et qui est ordinairement donné d'avance d'après la constitution de la machine; on aura donc

$$V_1'^2 - V_1^2 = 2U\,(V_1' - V_1),$$

et par conséquent

$$2U\,(V_1' - V_1) = \frac{2T}{I},$$

d'où

$$V_1' - V_1 = \frac{T}{UI}.$$

Si maintenant, pour obtenir un degré de régularité donné, on s'impose la condition que la vitesse angulaire ne varie pas de plus d'une fraction $\frac{1}{n}$ de la vitesse moyenne U, on aura

$$V_1' - V_1 = \frac{U}{n},$$

et par suite

$$\frac{U}{n} = \frac{T}{UI},$$

d'où l'on tire

$$I = \frac{nT}{U^2}.$$

On voit donc que, quand l'excès du travail moteur sur le travail résistant, ou *vice versa*, sera donné ainsi que la vitesse angulaire moyenne de rotation de l'arbre du volant et le nombre régulateur n, on déduira de cette expression simple le moment d'inertie du volant.

On remarquera que ce moment d'inertie sera d'autant plus petit que la vitesse angulaire moyenne sera plus grande, et que par conséquent il convient, quand on le peut, de placer le volant sur l'axe dont le mouvement est le plus rapide.

Dans le calcul du moment d'inertie d'un volant, on néglige ordinairement l'influence des bras, et l'on a alors à très peu près $I = \dfrac{P'}{g} R^2$, P' étant le poids de l'anneau et R son rayon moyen. On sait d'ailleurs que

$$P' = d.a.b \times 6.28 R,$$

a et b étant la largeur et l'épaisseur de cet anneau et R son rayon moyen, et $d = 7\,290^{kil}$ le poids du mètre cube de fonte. Si l'on veut tenir compte de l'influence des bras, en nommant P" le poids de ces bras, le moment d'inertie a pour valeur approchée

$$\left(\frac{P' + 0.325\,P''}{g}\right) R^2 = \frac{P}{g}.R^2$$

en posant $P = P' + 0.325 P''$.

Quant au nombre régulateur n, il dépend de la nature de la machine et de la qualité des produits à obtenir, et ne saurait être toujours le même pour une classe donnée de machines. Ainsi pour les machines à vapeur, le degré de régularité dépend des produits à obtenir ; et, si pour beaucoup de cas il peut sans inconvénient être le même, dans d'autres il doit varier. Pour la filature du coton, du lin, de la laine ; pour la fabrication du papier à la mécanique, ce nombre doit augmenter avec la perfection des produits que l'on veut fabriquer.

Pour les laminoirs, il ne faut pas, comme on le fait trop souvent, adopter le même volant quand on doit étirer de gros fers, de grosses tôles, qui occasionnent de grandes irrégularités et dont le travail ne se fait que par intermittence, que quand on lamine avec continuité pendant des heures entières de petites tôles qui se succèdent rapidement les unes aux autres. C'est par l'observation de la marche des bonnes machines, et par le calcul, que l'on peut parvenir à déterminer pour chaque cas spécial le degré de régularité convenable.

Nous donnerons plus tard une théorie complète des volants des machines à vapeur; pour le moment nous nous contenterons, après avoir exposé les principes fondamentaux, de rapporter les formules pratiques usuelles pour plusieurs cas importants.

155. *Machines à vapeur à pleine pression.* — Dans ce cas on emploiera les formules suivantes, selon que les longueurs des bielles seront égales à

$$\left.\begin{array}{l} \text{6 fois la manivelle } PV^2 = 5\,227.3\,\dfrac{nN}{m} \\[1em] \text{5} \quad\text{—}\quad PV^2 = 5\,528.2\,\dfrac{nN}{m} \\[1em] \text{4} \quad\text{—}\quad PV^2 = 5\,829.4\,\dfrac{nN}{m} \end{array}\right\} \text{avec balancier.}$$

$$\text{5} \quad\text{—}\quad PV^2 = 5\,592.0\,\dfrac{nN}{m} \quad \text{sans balancier.}$$

Dans ces formules, N est la force nominale en chevaux, m le nombre de tours de l'arbre du volant en 1', V la vitesse moyenne de la circonférence moyenne de l'anneau.

Le nombre n, d'après la pratique ordinaire de WATT,

est habituellement égal à 32 pour tous les cas qui n'exigent pas une régularité extraordinaire. Pour les moulins à farine, les scieries, etc., on pourrait peut-être le diminuer un peu, tandis que pour les filatures en fin il conviendra de l'augmenter et de le porter à 50 ou 60.

Filature du Logelbach.

$$\text{Diamètre du volant} = 6^{\mathrm{m}}.10, \quad m = 19,$$

$$V = \frac{3.14 \times 6.10 \times 19}{60} = 6^{\mathrm{m}}.05, \quad N = 35 \text{ chevaux,}$$

si l'on fait $n = 40$,

$$P = \frac{5\,227,3}{(6.05)^2} \times \frac{40 \times 35}{19} = 10\,520 \text{ kilogrammes.}$$

Pour $n = 35$, on trouve $P = 9\,276$ kilog. Les constructeurs ont fait $P = 9\,320$ kil.

156. *Volants pour les machines à détente.* — L'irrégularité d'action de la vapeur étant plus grande, comme on le verra plus tard, le volant doit être augmenté, et pour exemples je donnerai ici les formules relatives aux machines à haute pression et détente sans condensation à cinq atmosphères de pression dans la chaudière.

$$\text{Détente commençant à } 1|2 \text{ de la course } PV^2 = 7\,080.3\,\frac{n\mathrm{N}}{m}.$$

$$- \qquad 1|3 \qquad - \qquad PV^2 = 8\,166.0\,\frac{n\mathrm{N}}{m}.$$

$$- \qquad 1|4 \qquad - \qquad PV^2 = 9\,218.4\,\frac{n\mathrm{N}}{m}.$$

Exemple. Soit $N = 40$ chevaux, la détente à moitié de la course,

$$n = 32, \quad m = 16, \quad D = 8^{\mathrm{m}}.15, \quad V = \frac{3.14 \times 8.15 \times 16}{60} = 6^{\mathrm{m}}.824,$$

et par suite

$$P = \frac{7\,080.3 \times 32 \times 40}{(6.824)^2 \times 16} = 12\,164 \text{ kil.}$$

Dans une machine de cette force, fonctionnant dans les mêmes circonstances, un de nos plus habiles constructeurs ne donne à l'anneau du volant qu'un poids de 10 200 kilogrammes, ce qui ne paraît pas suffisant.

157. *Volant pour marteaux de forge.* — Dans les machines à choc telles que les marteaux, l'irrégularité du mouvement provient de l'intermittence d'action de la résistance et des pertes de travail produites par le choc. On peut soumettre ces effets au calcul, déterminer directement la perte de force vive, et par suite limiter les variations de la vitesse à une fraction donnée de la vitesse moyenne ; mais ce n'est pas ici le lieu d'exposer cette théorie, et nous nous bornerons à dire qu'elle a conduit aux formules suivantes.

158. *Marteaux frontaux.*

De 3 000 à 3 500 kil. battant 70 à 80 coups, $P = \dfrac{20\,000}{R^2}$.

De 4 000 à 4 900 kil. battant 72 à 80 coups, $P = \dfrac{30\,000}{R^2}$.

Le nombre régulateur en a été pris égal à 50 ou 55 environ, exemple :

$$R = 2^m.15, \quad P = \frac{20\,000}{(2.15)^2} = 4\,329 \text{ kil.}$$

Le marteau frontal de la forge de Framont, qui pèse

5 000 et quelques kilogrammes, a un volant de rayon R$=2^m.15$, dont l'anneau pèse 4 230 kilogrammes. Il marche depuis 12 ans environ.

159. *Marteaux à l'allemande à engrenage.*

Pesant 6 à 800 kil., manche et hurasse compris, battant 100 à 110 coups en 1′.

$$P=\frac{15\,000}{R^2}, \text{ soit } R=1^m.65, \quad P=\frac{15\,000}{(1.65)^2}=5\,509 \text{ kil.}$$

A l'usine de moulin neuf dépendant des forges de Hayange,

$$R=1^m.65, \quad P=5\,150 \text{ kil. environ.}$$

160. *Martinet à engrenage.*

Battant de 150 à 200 coups en 1′, du poids de 500 kil. tout compris,

$$P=\frac{9\,000}{R^2}.$$

Battant de 150 à 200 coups en 1′, du poids de 360 kil. tout compris,

$$P=\frac{6\,000}{R^2}.$$

161. *Scieries verticales* pour le débit des gros bois.— L'observation montre qu'il suffit de prendre

$$P=\frac{30\,000}{V^2}.$$

Exemple. Scierie de Metz :

Le rayon R$=0^m.76$, le nombre de coups de scie est de 88 en 1′, d'où l'on conclut

$$V=\frac{88}{60}6.28 \times 0.76=7^m.02.$$

La formule donne

$$P = \frac{30\,000}{(7.02)^2} = 609 \text{ kil.}$$

On place ordinairement deux volants, dont chacun pèse la moitié du poids ci-dessus. A la scierie de Metz, les deux volants ne pesaient qu'environ 512 kilogrammes.

162. *Nécessité de l'emploi des volants dans les machines où il y a des chocs.* — Un exemple frappant de la nécessité de l'emploi des volants dans les machines où il se produit des chocs a été observé en 1845, à la poudrerie de Vonges et à celle de S.-Ponce, dans quatre moulins à pilons. En substituant, pour des constructions nouvelles, des engrenages en fonte aux anciens rouets en bois, on avait eu le soin d'augmenter dans le rapport de 2 à 3 les dimensions des dents et des roues fournies par les règles ordinaires de la pratique. Malgré cette précaution, trois moulins ayant été mis en activité, les roues d'engrenage ne purent résister aux vibrations produites par les chocs et se brisèrent aux anneaux après un court service. Pour remédier à cet inconvénient, deux moyens se présentaient : l'un, qui consistait à augmenter considérablement les dimensions des roues, fut employé à cause de l'urgence, pour les roues cassées; l'autre, plus rationnel, était de placer des volants sur les arbres à cames, pour diminuer les variations de leur vitesse, et, par suite, les chocs entre les roues et les pignons. Il a parfaitement réussi, et l'engrenage du quatrième moulin, exactement semblable à ceux qui avaient été brisés quand il n'y avait pas de volant, a très bien résisté avec l'emploi de ce moyen de régularisation.

163. *Proportions des volants pour les moulins à poudre de vingt pilons.* — Les pilons des moulins à poudre pèsent 40 à 42 kilogrammes et battent 56 coups à la minute à raison de deux chacun par tour de l'arbre à cames. L'expérience a prouvé que des volants de 2^m.50 de diamètre, 0^m.17 de largeur à la couronne dans le sens de l'axe, et 0^m.18 dans celui du rayon, étaient suffisants.

164. *Laminoir à grandes tôles et à gros fers.* — Dans ces machines, l'observation montre que l'on peut calculer le volant par la formule suivante

$$P = \frac{130\,000NK}{mV^2};$$

N étant la force en chevaux transmise à l'arbre du volant;

V la vitesse moyenne de la circonférence milieu de cet anneau;

m le nombre de tours du volant, ordinairement placé sur le même axe que les cylindres, en 1′;

K un coefficient numérique constant que l'on prendra égal à

$K = 20$ pour les machines de 80 à 100 chevaux, et 6 à 8 équipages de cylindres;

$K = 25$ pour les machines de 60 chevaux, et 4 à 6 équipages de cylindres;

$K = 80$ pour les machines de 30 à 40 chevaux et un seul équipage pour grosses tôles à fer ou deux cylindres.

Exemple : $D = 5^m.84$, $m = 60$, $V = 18^m.40$.

Pour 6 équipages marchant ensemble

$$P = \frac{130\,000 \times 60 \times 25}{60 \times (18.40)^2} = 9\,599 \text{ kil.}$$

L'usine de Fourchambault, placée dans ces circonstances, a un volant de 8 000 kilogrammes seulement.

Lorsque les machines dont on veut régulariser la marche ont pour moteur des roues hydrauliques à mouvement rapide, telles que les roues à aubes planes et à aubes courbes, le moment d'inertie de ces roues étant ordinairement considérable, il s'ajoute à celui du volant, et dès lors il est possible de diminuer un peu celui-ci, surtout si le moteur est près de la résistance.

165. *Observations sur l'emploi des volants.* — Il résulte de tout ce que l'on a dit précédemment que les volants n'ont pour but et pour effet que de resserrer les variations de la vitesse entre des limites données lorsqu'il y a dans la marche des pièces ou dans l'action des moteurs ou des résistances des inégalités ou des alternatives inévitables, ou, dans certains cas, d'accumuler, d'emmagasiner, pendant une portion des périodes du mouvement, une quantité de travail moteur, pour la restituer à d'autres instants où le travail de la résistance l'emporterait sur celui du moteur. Ce n'est donc que momentanément que l'emploi du volant peut, dans ce dernier cas, augmenter la puissance de la machine.

Mais, le volant étant toujours une pièce lourde qui donne lieu à une consommation inutile de travail par le frottement et par la résistance de l'air, on voit qu'il faut en restreindre l'emploi aux cas où il est nécessaire, et en limiter convenablement le poids.

DES RÉSISTANCES PASSIVES DANS LES MACHINES.

166. *Du frottement.* — On distingue ordinairement

deux sortes de frottements. L'un, qu'on nomme *frotte-ment de glissement*, se produit quand les corps glissent l'un sur l'autre, d'où il résulte que les points de contact primitifs se trouvent sans cesse à des distances différentes des nouveaux points de contact, ce que l'on exprime en disant qu'ils ont éprouvé des déplacements relatifs inégaux ou dirigés en sens contraire. Le second genre de *frotte-ment*, improprement appelé *frottement de roulement*, a lieu quand les corps roulent l'un sur l'autre, et qu'alors les distances des nouveaux points de contact aux anciens sont les mêmes sur les deux corps, ou que les déplace-ments relatifs sont égaux. Comme le mot *frotter* implique généralement l'idée de glissement, et non celle de roule-ment, il conviendrait de n'admettre qu'une seule espèce de frottement, celui de glissement, et de désigner l'autre par le nom de *résistance au roulement*.

167. *Rappel des anciennes expériences.* — Les pre-mières expériences sur le frottement de glissement que l'on connaisse sont dues à Amontons, et insérées dans les Mémoires de l'ancienne Académie des sciences, année 1699. Ce physicien reconnut que le frottement est in-dépendant de l'étendue des surfaces ; mais il estima sa valeur au tiers de la pression pour le bois, le fer, le cuivre, le plomb, etc., enduits de saindoux, ce qui est beaucoup trop considérable.

Coulomb, officier du génie militaire et depuis membre de l'Institut, a présenté en 1781 à l'Académie des scien-ces des expériences beaucoup plus complètes que celles d'Amontons et qui ont été exécutées à Rochefort. L'ap-pareil qu'il a employé consistait en un banc formé de deux pièces de bois horizontales de 6 pieds de longueur, sur lequel un traîneau chargé de poids glissait par l'action d'un poids suspendu à une corde qui, passant sur une poulie de renvoi, venait horizontalement s'attacher au traîneau.

A l'aide de ces dispositions, Coulomb a d'abord déterminé l'effort nécessaire pour produire le mouvement lorsque les corps ont été quelque temps en contact. C'est ce qu'il a appelé *la résistance ou le frottement au départ*. Il a reconnu que ce frottement était proportionnel à la pression, et il a cru trouver qu'il se composait d'une partie proportionnelle à l'étendue de sa surface, qu'il a nommée *l'adhérence*, et d'une autre partie indépendante de cette surface. Il a ensuite recherché la valeur du frottement pendant le mouvement, et à cet effet il a observé le temps employé par le traîneau à parcourir successivement les trois premiers et les trois seconds pieds de sa course, à l'aide d'une montre à demi-secondes, à arrêt.

Mais comme sur ces durées, parfois égales à $1''$ ou $2''$, il pouvait se tromper d'une demi-seconde à la fin, et d'autant au commencement de l'expérience, il en est résulté des incertitudes assez grandes qui ne lui ont pas permis d'établir ses conclusions d'une manière positive, et l'on peut dire qu'il a plutôt deviné qu'observé les lois qu'il a conclues de ses expériences. Néanmoins il a reconnu qu'en général le frottement pendant le mouvement est 1° proportionnel à la pression, 2° indépendant de l'étendue des surfaces de contact, 3° indépendant de la vitesse du mouvement, sauf quelques restrictions que les expériences ultérieures n'ont pas confirmées.

Coulomb a aussi constaté le premier que pour les corps

compressibles le frottement au départ ou après un contact de quelque durée était plus grand que pendant le mouvement.

168. *Expériences de Metz.* — Les incertitudes des observations, les restrictions apportées par Coulomb et surtout l'emploi plus général des métaux dans les constructions des machines, ayant rendu nécessaires de nouvelles expériences, il en a été exécuté à Metz en 1831-32-33 et 34, à l'aide de procédés nouveaux.

169. *Description sommaire des appareils employés.*— Dans la halle des fontes de l'ancienne fonderie, sur un sol dallé et à côté de la fosse (pl. III), on a établi un banc horizontal composé de deux poutres parallèles en chêne AA de $0^m.30$ d'équarrissage sur 8^m de long, réunies et supportées de mètre en mètre par des semelles. Ces poutres, qui dépassaient de $1^m.30$ environ le bord de la fosse, étaient assemblées avec quatre montants verticaux BB, entre lesquels était placé un plateau FF, qui portait la poulie de renvoi de la corde à laquelle on suspendait le poids moteur placé dans une caisse K. Cette corde venait horizontalement se fixer à un traîneau D, chargé de poids, et sous lequel on fixait les corps en expérience.

La corde, au lieu d'être attachée directement à ce traîneau, s'accrochait à la lame antérieure d'un dynamomètre à style, dont la flexion mesurait la tension de cette corde, soit au départ, soit pendant le mouvement.

L'axe de la poulie de renvoi portait un plateau H en cuivre parfaitement dressé et recouvert d'une feuille de papier. Vis-à-vis ce plateau, un appareil d'horlogerie communiquait un mouvement uniforme à un style formé par un pinceau imbibé d'encre de Chine, dont la pointe décrivait un cercle de $0^m.14$ de diamètre. Le parallélisme de ce cercle au plan du plateau était d'ailleurs parfaitement assuré par des moyens précis et le contact du pinceau était produit ou interrompu à volonté.

170. *Examen des résultats graphiques des expériences.* — On conçoit donc, d'après ce que l'on a vu, dans les précédentes leçons, de l'appareil analogue qui existe au Conservatoire des arts et métiers, que de la simultanéité de deux mouvements dont l'un, celui du style, était uniforme et à une vitesse connue, et l'autre, inconnu, correspondait dans un rapport constant aux chemins parcourus par le traîneau, il devait résulter une courbe dont le relèvement donnait la loi du mouvement de ce traîneau.

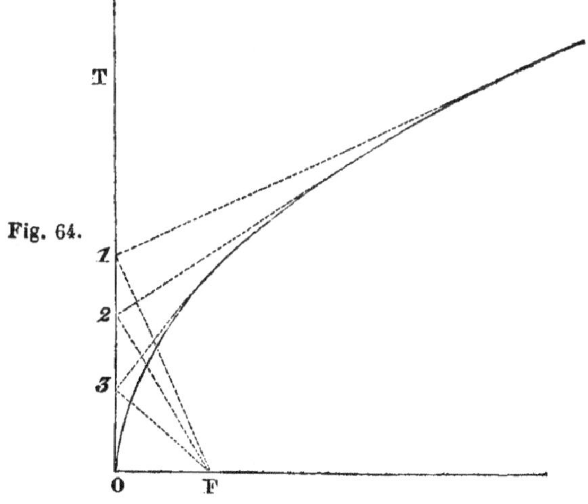

On a donc pu par ce relèvement former une table des espaces parcourus et des temps correspondants et construire la courbe dont ces espaces étaient les abscisses et les temps les ordonnées. Les courbes ainsi construites offraient une continuité parfaite, et l'on a reconnu qu'elles étaient des paraboles, c'est-à-dire que leurs abscisses étaient proportionnelles aux quarrés des ordonnées, et il ne sera pas inutile d'indiquer la méthode à l'aide de laquelle on est parvenu à cette conséquence.

La courbe étant tracée et l'origine O des espaces parcourus par le traîneau bien déterminée, on menait la ligne OT, qu'on nomme l'axe des ordonnées, puis à la règle on menait à vue, en des points quelconques, une série de tangentes qui, prolongées, venaient couper l'axe OT en des points 1, 2, 3, etc. En ces points on élevait des perpendiculaires aux tangentes, et, toutes ces perpendiculaires venant se croiser en un même point F, on était, d'après cette circonstance particulière à la parabole, autorisé à conclure de ce tracé que la courbe du mouvement appartenait à cette classe, et que par conséquent le mouvement était uniformément accéléré. Or, le poids moteur étant constant, la force motrice qui produisait l'accélération du mouvement était l'excès de ce poids sur le frottement, et, puisque cet excès était constant, il en résultait nécessairement que le frottement était constant et indépendant de la vitesse.

L'expérience, répétée avec tous les corps en usage dans la construction des machines, avec ou sans enduit, ayant toujours conduit à la même conséquence, on a été autorisé à regarder cette loi comme générale, du moins dans les limites de vitesse où elle a été observée, c'est-à-dire jusqu'à $3^m.50$ environ, et à reconnaître que les restrictions que Coulomb y avait entrevues n'existent pas.

171. *Formules employées au calcul des résultats.* — D'après la description précédente des moyens d'expérimentation, on voit donc que la tension du brin horizontal de la corde était donnée par le dynamomètre; et comme dans les mouvements accélérés, de même que dans les mouvements uniformes, cette tension était constante, ce qui était indiqué par la forme circulaire des courbes tracées par le style, on en a conclu une vérification de la loi déduite de la courbe du mouvement. Mais de plus, en nommant P cette tension constante fournie par le dynamomètre, et F le frottement dirigé dans un sens contraire, il est clair que la force motrice produisant l'accélération du mouvement était P—F. Or, en appelant Q le poids du traîneau et de sa charge, on sait, d'après ce que l'on a vu aux précédentes leçons (n. 68 et suiv.) que l'on devait avoir la relation

$$P - F = \frac{Q}{g}\,\frac{v}{t};$$

d'où

$$F = P - \frac{Q}{g}\cdot\frac{v}{t}$$

Or la comparaison des espaces parcourus aux quarrés des temps employés donnait

$$\frac{E}{T^2} = \frac{1}{2C},$$

2C étant une quantité constante égale à ce qu'on nomme le paramètre de la parabole et que l'on déduisait de son tracé ou du point de concours des perpendiculaires aux tangentes dont il a été parlé plus haut, attendu qu'elle est égale au double de l'ordonnée de ce point, appelé foyer.

On se rappele que dans l'étude des mouvements accélérés (n. 61 et 80) nous avons représenté la loi de ces mouvements par la relation

$$E = \frac{1}{2} V_1 T^2,$$

V_1 étant la vitesse acquise après la première seconde; donc dans le cas actuel

$$\frac{1}{2} V_1 = \frac{1}{2C},$$

et comme on sait aussi que dans les mouvements uniformément accélérés on a

$$\frac{V}{T} = V_1 = \frac{v}{t},$$

on a donc

$$\frac{v}{t} = V_1 = \frac{1}{C},$$

et par suite

$$F = P - \frac{Q}{g} \cdot \frac{1}{C}.$$

Ainsi, à l'aide du dynamomètre, et de l'observation de la loi du mouvement, on a donc pu obtenir, dans chaque cas, la valeur du frottement correspondant à une pression et à des surfaces données.

172. *Résultats et conséquences.*— Comparant ensuite les frottements aux pressions, on a déterminé le rapport de ces quantités, et l'on a reconnu que pour les mêmes corps, au même état, ce rapport était constant et indépendant de la pression, de la vitesse et de l'étendue des surfaces. Les expériences ayant été répétées sur tous les corps en usage dans la construction des machines, sous des pressions comprises entre 45 à 50 kilogrammes et 2 000 à 2 800 kilogrammes, avec des surfaces réduites à des arêtes arrondies ou s'élevant jusqu'à près de 9 décimètres quarrés, des vitesses comprises depuis zéro ou les plus petites possibles jusqu'à $3^m.50$, on a été autorisé à conclure de ces nombreuses expériences que pendant le mouvement le frottement est

1° Proportionnel à la pression,

2° Indépendant de l'étendue des surfaces de contact,

3° Indépendant de la vitesse du mouvement.

Le même appareil a servi à répéter et étendre les expériences de Coulomb sur le frottement au moment du départ ou après un contact prolongé, et l'on a reconnu que dans ce cas encore le frottement était

1° Proportionnel à la pression,

2° Indépendant de l'étendue de la surface de contact;

3° Que pour les corps compressibles le frottement au moment du départ était plus grand que pendant le mouvement; mais que pour les corps durs, tels que les métaux et les pierres, la différence n'était pas sensible.

173. *Observation relative à l'expulsion des enduits sous de fortes pressions et par un contact prolongé.* — Cependant on a observé que pour les corps métalliques enduits de graisse ou d'huile, sous des pressions assez grandes par rapport à l'étendue des surfaces, il arrivait qu'après un contact de quelque durée, les enduits étant expulsés, les surfaces arrivaient alors à un état simplement onctueux, pour lequel le frottement est plus grand et plus que double de la valeur correspondante au cas où les surfaces sont bien graissées. Cette observation explique comment il arrive que l'effort nécessaire pour mettre en mouvement certaines machines est, abstraction faite de l'influence de l'inertie, souvent beaucoup plus considérable que celui qui est nécessaire pour entretenir un mouvement rapide. Cela prouve en passant que pour apprécier expérimentalement les frottements des machines en mouvement il ne faut pas employer les mêmes moyens que pour les machines partant du repos, ainsi que le font quelquefois des expérimentateurs.

174. *Influence des vibrations sur le frottement au départ.* — Une autre circonstance remarquable que les expériences de Metz ont signalée, c'est que, quand un corps compressible est sollicité à glisser par un effort qui serait capable de vaincre le frottement pendant le mouvement, mais inférieur au frottement au départ, une simple vibration produite souvent par une cause extérieure et légère en apparence peut déterminer le mouvement. Ainsi, pour du bois de chêne frottant sur du chêne, le frottement au départ est 0.680 de la pression, et le frottement pendant le mouvement en est les 0.480; de sorte que pour produire le mouvement d'un poids de 1 000 kilogrammes il faut alors exercer un effort de 680 kilogrammes, tandis qu'il n'en faut qu'un de 480 kilogrammes pour l'entretenir. Cependant sous un effort égal ou peu supérieur à 480 kilogrammes, et par l'effet d'une vibration, le corps pourrait marcher.

Cette observation importante s'applique aux constructions toujours plus ou moins exposées à des vibrations, et montre que, si dans le calcul des appareils ou machines destinés à produire le mouvement on doit compter sur la plus grande valeur du frottement, dans ceux qui sont relatifs à la stabilité des constructions on doit au contraire n'introduire que sa plus petite valeur, celle qui a lieu pendant le mouvement. Elle sert enfin à expliquer comment il arrive quelquefois que des édifices qui ne donnaient aucune inquiétude sur leur stabilité s'écroulent tout à coup par le passage d'une voiture, et comment le tir par salves d'une batterie de brèche peut, à de certains instants, accélérer la chute d'un rempart ou d'un bâtiment.

175. *Citation de quelques résultats d'expériences.* — Pour justifier les conclusions que nous avons rapportées plus haut de l'ensemble des expériences, nous en citerons quelques résultats relatifs à divers cas.

Frottement au moment du départ. Chêne sur chêne, fibres croisées sans enduit.

Étendue de la surface de contact.	Pression.	Frottement.	Rapport du frottement à la pression.
mq.	kil.	kil.	
	54.66	30.45	0.55
0.0880	224.44	68.12	0.51
	1145.63	114.42	0.51
	176.54	92.41	0.52
0.0040	662.48	587.58	0.52

Pierre calcaire oolithique tendre sur même pierre.

mq.			
	142.59	103.79	0.728
0.0800	578.08	422.99	0.751
	140.56	103.79	0.759
0.0464	570.17	445.79	0.781
	155.50	103.79	0.774
Arêtes arrondies.	275.00	200.48	0.740

Ces deux séries manifestent suffisamment qu'au départ le frottement est proportionnel à la pression et indépendant de l'étendue de la surface de contact.

176. *Exemple du calcul d'une expérience sur le frottement des corps en mouvement : chêne sur chêne, sans enduit.* — La pression étant $Q = 1\,039^{kil}.03$, la tension du brin horizontal de la corde a été trouvée $P = 528^{kil}.19$, le paramètre de la parabole $2C = 5^m.54$, on a donc

$$\frac{1}{C} = \frac{1}{2.77} = 0.361,$$

$$F = 528^{kil}.19 - \frac{1\,039.03}{9.81} \times 0.361 = 489^{kil}.96,$$

$$\frac{F}{Q} = f = \frac{489.96}{1\,039.03} = 0.471.$$

On remarquera que dans cet exemple l'effort nécessaire pour accélérer le mouvement était

$$\frac{Q}{g} \cdot \frac{1}{C} = \frac{1\,039.03}{9.81} \cdot 0.361 = 38^{kil}.23.$$

C'est la résistance que l'inertie de la masse du traîneau opposait à l'accélération.

A la même charge de $Q = 1\,039^{kil}.03$, le mouvement uniforme a été entretenu à la vitesse de $1^m.07$ par une tension de $480^{kil}.23$, ce qui donne

$$\frac{F}{Q} = 0.460,$$

c'est-à-dire sensiblement le même résultat que dans le mouvement uniformément accéléré.

Nous reproduirons aussi quelques uns des résultats de l'expérience et du calcul pour le cas des surfaces en mouvement les unes sur les autres.

177. *Frottement pendant le mouvement. Fonte sur fonte avec saindoux*

Étendue de la surface de contact.	Pression.	Tension.	Paramètre.	Valeur de $\frac{1}{C}$.	Frottement.	Rapport du frottement à la pression.
mq.	kil.	kil.			kil.	
0.0319 {	499.96	54.44	5.52	0.362	35.10	0.072
	2803.77	247.09	10.84	0.184	200.03	0.071

Cuivre jaune sans enduit sur fonte.

0.0285	213.35	63.18	2.40	0.833	45.06	0.211
0.0072	215.86	63.34	2.45	0.813	45.45	0.210

Ces exemples justifient les lois conclues pour le frottement pendant le mouvement.

*XVI*e *LEÇON*.

178. *Influence des enduits.* — Les enduits gras diminuent considérablement le frottement, et l'usure des surfaces qui en est la conséquence. Mais d'après l'observation que nous avons faite (au n. 173) on voit que, bien que le frottement soit en lui-même indépendant de l'étendue des surfaces, il convient de proportionner celles-ci aux pressions qu'elles doivent supporter, afin que les enduits ne soient pas expulsés. Il faut aussi remarquer que toutes les expériences dont il est question ont été faites sous des pressions plus ou moins considérables et que les résultats ne doivent s'appliquer qu'à des circonstances analogues. On conçoit en effet que, si les pressions étaient tellement grandes par rapport aux surfaces qu'il en résultât une dégradation notable, l'état des surfaces, et par conséquent le frottement, varierait; ou que, si au contraire les surfaces étaient grandes et les pressions très faibles, la viscosité des enduits, négligeable dans tous les cas ordinaires, pourrait alors exercer une influence sensible.

Il faut remarquer qu'en général, et surtout pour les métaux, l'eau pure est un mauvais enduit, et que parfois elle augmente plutôt qu'elle ne diminue le frottement.

179. *Expériences sur le frottement des pierres avec mortier frais.* — Pour reconnaître si les résultats d'expérience obtenus s'appliquaient encore aux pierres scellées en bain de mortier ou en plâtre et jusqu'à quelle limite de dessiccation on pouvait les admettre dans les calculs relatifs à la stabilité des constructions, on a fait quelques expériences dont nous extrairons les suivantes :

Frottement des pierres posées en bain de mortier.
Calcaire oolithique tendre sur le même.

Etendue de la surface du contact.	Pression.	Frottement.	Rapport du frottement à la pression.	Durée du contact.
mq.	kil.	kil.		
0.0800	147.67	115.17	0.780	10'.
	355.48	275.79	0.775	10'.
0.0164	140.56	108.49	0.772	10'.
	528.17	411.59	0.779	10'.
0.0152	145.02	115.19	0.794	10'.

Il résulte de ces expériences qu'après quelques minutes de contact, le frottement des pierres posées en bain de mortier est encore proportionnel à la pression et indépendant de l'étendue de la surface de contact.

180. *Adhérence des mortiers et enduits solidifiés.* — Mais lorsque le mortier a pris et que la dessiccation a atteint le degré convenable, il n'en est plus de même, l'adhésion, la cohésion, remplacent le frottement, et la résistance à la séparation devient sensiblement proportionnelle à l'étendue de la surface de contact et indépendante au contraire de la pression exercée, soit au moment de la pose, soit à celui de la séparation.

Pour les pierres calcaires scellées avec du mortier de chaux hydraulique de Metz, la résistance est d'environ

10307 kilogrammes par mètre quarré de superficie. Avec d'autres chaux, sans doute grasses ou ordinaires, M. Boistard, ingénieur des ponts et chaussées, a trouvé 6960 kilogrammes. Avec du plâtre la résistance paraît encore suivre la même loi ; mais elle varie considérablement avec l'instant de la prise du plâtre, qui paraît exercer une grande influence sur la cohésion.

181. *Observation sur l'introduction du frottement et de la cohésion dans les calculs sur la stabilité des constructions.* — Enfin on remarquera que le frottement ne peut, dans le cas des scellements en mortier ou en plâtre, se manifester qu'après que la cohésion ou l'adhérence a été vaincue, et que par conséquent ces deux résistances ne coexistent pas. Dans les calculs relatifs à la stabilité des constructions, on doit donc ne compter que sur l'une d'elles et sur la plus faible.

182. *Frottement des tourillons.* — Des expériences spéciales ont été aussi exécutées à Metz, en 1834, sur le frottement des tourillons, avec un appareil analogue au dynamomètre de rotation. Un arbre tournant en fonte pouvait être chargé de disques en fonte de manière à porter la charge à près de 2000 kilogrammes. Ces expériences, exécutées sur des tourillons et coussinets faits avec toutes les matières en usage dans les constructions, ont montré que dans ce cas encore le frottement suit les mêmes lois que pour les surfaces planes. La manière dont l'enduit qui lubrifie les surfaces est réparti exerce une grande influence sur la valeur du rapport du frottement à la pression. Quand l'enduit est sans cesse renouvelé par un appareil de graissage, le frottement est beaucoup moindre que quand on se contente de graisser les surfaces de temps en temps.

Frottement des tourillons. Fonte sur fonte avec saindoux.

Diamètre des tourillons.	Pression.	Rapport du frottement à la pression.	
		Surfaces graissées de temps en temps.	Enduit sans cesse renouvelé.
m. 0.100	kil. 447.25	0.065	0.050
	1885.15	0.067	0.050
0.054	1016.00	0.070	»

(Voir pour plus de détails les quatre Mémoires sur *de nouvelles expériences sur le frottement* exécutées à Metz de 1831 à 1834).

183. *Résultat général des expériences.* — Outre les lois précédemment énoncées, les expériences faites avec des enduits tels que le suif, le saindoux et l'huile, ont montré que pour les bois et les métaux frottants les uns sur les autres le rapport du frottement à la pression est sensiblement le même et prend en moyenne les valeurs suivantes :

	Surfaces continuellement alimentées d'enduit.	Surfaces graissées de temps en temps.	Surfaces onctueuses.
Rapport du frottement à la pression.	0.05	0.07	0.15

On voit par ces chiffres, faciles à retenir, combien il est important d'employer des moyens convenables pour que les surfaces soient toujours bien graissées. Les boîtes de roues dites à patente, qui conservent l'huile, les rainures des coussinets, les réservoirs de graisse des roues ordinaires, les appareils distributeurs de graisse ou d'huile, sont autant de moyens d'y parvenir.

On fera remarquer que pour les pièces soumises à de grandes pressions, telles que les tourillons des roues hydrauliques, les arbres de volants, de grandes roues d'engrenage, etc., on doit de préférence employer le suif dans l'été ou un mélange de suif et de saindoux, parce que la pression n'expulse pas cet enduit aussi facilement. Au contraire pour les arbres légers et marchant vite il convient d'employer l'huile.

184. *Avantage des métaux grenus.*—Il n'est pas vrai, comme on le dit généralement, que le frottement soit toujours moindre entre des substances d'espèces différentes qu'entre des substances de même espèce. Mais il convient de préférer en général pour les parties frottantes les corps grenus aux corps fibreux, et surtout de ne pas exposer ceux-ci à des frottements dans le sens des fibres, parce qu'alors il arrive que les fibres sont quelquefois enlevées, arrachées, dans toute leur longueur. Sous ce rapport, la fonte fine, qui cristallise en grains arrondis, ainsi que l'acier fondu, sont des corps très convenables pour faire des pièces soumises à de grands frottements. Aussi depuis quelques années emploie-t-on assez généralement pour les pistons des machines à vapeur des garnitures de fonte. Si pour les coussinets des arbres de rotation en fonte ou en fer on continue à se servir de bronze, c'est principalement parce qu'il est moins dur,

qu'il s'use avant les arbres, et qu'il est plus facile de remplacer un coussinet qu'un arbre.

185. *Observation relative aux mécanismes très légers*. — Dans les mécanismes très légers, et surtout si leur mouvement est très rapide, la viscosité des enduits peut quelquefois offrir une résistance comparable à celle que produirait le frottement proprement dit: aussi dans des cas pareils les résultats des expériences faites sous de fortes pressions par rapport à l'étendue des surfaces de contact ne sont applicables qu'avec réserve.

186. *Usage des résultats de l'expérience*. — Les résultats obtenus dans les expériences de Metz sont résumés dans les trois tableaux suivants, qui donnent le rapport du frottement à la pression pour tous les corps employés dans les constructions. Le premier est relatif aux surfaces planes qui ont été quelque temps en contact; le deuxième aux surfaces planes en mouvement les unes sur les autres; le troisième, aux tourillons en mouvement sur leurs coussinets.

Le premier devra être employé toutes les fois qu'il s'agira de déterminer l'effort nécessaire pour produire le glissement de deux corps qui auront été quelque temps en contact: tel est le cas des manœuvres de vanne, etc. Le deuxième et le troisième serviront pour calculer le frottement des surfaces en mouvement les unes sur les autres.

TABLEAU N° 1.

FROTTEMENT DES SURFACES PLANES LORSQU'ELLES ONT ÉTÉ QUELQUE TEMPS EN CONTACT.

Indication des surfaces en contact.	Disposition des fibres.	Etat des surfaces.	Rapport du frottement à la pression.
Chêne sur chêne	parallèles	sans enduit.	0.62
	id.	frottées de savon sec.	0.44
	perpendiculaires	sans enduit.	0.54
	id.	mouillées d'eau.	0.71
	bois debout sur bois à plat	sans enduit.	0.43
Chêne sur orme	parallèles	id.	0.38
Orme sur chêne	id.	id.	0.69
	id.	frottées de savon sec.	0.41
Frêne, sapin, hêtre, sorbier sur chêne	perpendiculaires	sans enduit.	0.57
	parallèles	id.	0.53
Cuir tanné sur chêne	le cuir à plat	id.	0.61
	le cuir de champ	id.	0.43
		mouillées d'eau.	0.79
Cuir noir corroyé ou courroie. { sur surface plane en chêne. sur tambour en chêne.	parallèles	sans enduit.	0.74
	perpendiculaires	id.	0.47
Natte de chanvre sur chêne.	parallèles	sans enduit.	0.50
	id.	mouillées d'eau.	0.87
Corde de chanvre sur chêne.	parallèles	sans enduit.	0.80
Fer sur chêne	parallèles	id.	0.62
	id.	mouillées d'eau.	0.65
Fonte sur chêne	parallèles	id.	0.65
Cuivre jaune sur chêne . . .	parallèles	sans enduit.	0.62
Cuir de bœuf pour garniture de piston, sur fonte . . .	à plat ou de champ	mouillées d'eau.	0.62
		avec huile, suif ou saindoux.	0.12

Indication des surfaces en contact.	Disposition des fibres.	État des surfaces.	Rapport du frottement à la pression.
Cuir noir corroyé ou courroie sur poulie en fonte.	à plat	sans enduit.	0.23
		mouillées d'eau.	0.58
Fonte sur fonte	»	sans enduit.	0.16[1]
Fer sur fonte.	»	id.	0.19
		enduites de suif.	0.10[2]
Chêne, orme, charme, fer, fonte et bronze, glissant deux à deux l'un sur l'autre.	»	enduites d'huile ou de saindoux.	0.15[3]
Pierre calcaire oolithique sur calcaire oolithique.	»	sans enduit.	0.74
Pierre calcaire dure dite muschelkalk sur calcaire oolithique	»	id.	0.75
Brique sur calcaire oolithique	»	id.	0.67
Chêne sur id.	bois debout	id.	0.65
Fer sur id.	»	id.	0.49
Pierre calcaire dure ou muschelkalk sur muschelkalk.	»	id.	0.70
Pierre calcaire oolithique sur muschelkalk	»	id.	0.75
Brique sur muschelkalk . . .	»	id.	0.67
Fer sur id.	»	id.	0.42
Chêne sur id.	»	id.	0.64
Pierre calcaire oolithique sur calcaire oolithique.	»	avec enduit de mortier de trois parties de sable fin et une partie de chaux hydraulique.	0.74[4]

[1] Les surfaces conservant quelque onctuosité.
[2] Lorsque le contact n'a pas duré assez long-temps pour exprimer l'enduit.
[3] Lorsque le contact a duré assez long-temps pour exprimer l'enduit et ramener les surfaces à l'état onctueux.
[4] Après un contact de 10 à 15′.

DU FROTTEMENT.

TABLEAU N° 2.

FROTTEMENT DES SURFACES PLANES EN MOUVEMENT LES UNES SUR LES AUTRES.

Indication des surfaces en contact.	Disposition des fibres.	État des surfaces.	Rapport du frottement à la pression.
Chêne sur chêne	parallèles	sans enduit.	0.48
	id.	frottées de savon sec.	0.16
	perpendiculaires	sans enduit.	0.34
	id.	mouillées d'eau.	0.25
	bois debout sur bois à plat	sans enduit.	0.19
Orme sur chêne........	parallèles	id.	0.43
	perpendiculaires	id.	0.45
Frêne, sapin, hêtre, poirier sauvage et sorbier, sur chêne	parallèles	id.	0.25
	id.	id.	0.36 à 0.40
Fer sur chêne	id.	id.	0.62
		mouillées d'eau.	0.26
		frottées de savon sec.	0.21
Fonte sur chêne.......	id.	sans enduit.	0.49
		mouillées d'eau.	0.22
		frottées de savon sec.	0.19
Cuivre jaune sur chêne ...	id.	sans enduit.	0.62
Fer sur orme	id.	id.	0.25
Fonte sur orme.......	id.	id.	0.20
Cuir noir corroyé sur chêne.	id.	id.	0.27
Cuir tanné sur chêne	à plat ou de champ	id.	0.30 à 0.35
		mouillées d'eau.	0.29
Cuir tanné sur fonte et sur bronze	à plat ou de champ	sans enduit.	0.56
		mouillées d'eau.	0.36
		onctueuses et mouillées d'eau.	0.23
Chanvre en brin ou en corde sur chêne	parallèles	enduites d'huile.	0.15
		sans enduit.	0.52
	perpendiculaires	mouillées d'eau.	0.33

Indication des surfaces en contact.	Disposition des fibres.	Etat des surfaces.	Rapport du frottement à la pression.
Chêne et orme sur fonte. . .	parallèles	sans enduit.	0.38
Poirier sauvage sur fonte . .	id.	id.	0.44
Fer sur fer	id.	id.	» [1]
Fer sur fonte et sur bronze.	»	id.	0.18 [2]
Fonte sur fonte et sur bronze.	»	id.	0.15 [2]
Bronze { sur bronze	»	id.	0.20
Bronze { sur fonte.	»	id.	0.22
Bronze { sur fer	»	id.	0.16 [3]
Chêne, orme, charme, poirier sauvage, fonte, fer, acier et bronze, glissant l'un sur l'autre ou sur eux-mêmes.	»	lubrifiées à la manière ordinaire avec enduit de suif, saindoux, cambouis mou, etc.	0.07 à 0.08 [4]
Pierre calcaire oolithique sur calcaire oolithique	»	légèrement onctueuses au toucher. sans enduit.	0.15 0.64
Pierre calcaire dite muschelkalk sur calcaire oolithique.	»	id.	0.67
Brique ordinaire sur calcaire oolithique	»	id.	0.65
Chêne sur calcaire oolithique.	bois debout	id.	0.38
Fer forgé sur calcaire oolithique	parallèles	id.	0.69
Pierre calcaire dite muschelkalk sur muschelkalk. . .	»	id.	0.38
Pierre calcaire oolithique sur muschelkalk	»	id.	0.65
Brique ordinaire sur muschelkalk	»	id.	0.60
Chêne sur muschelkalk . . .	bois debout	id.	0.38
Fer sur muschelkalk . . . . {	parallèles	id.	0.24
Fer sur muschelkalk . . . . {	id.	mouillées d'eau.	0.30

[1] Les surfaces se rodent dès qu'il n'y a pas d'enduit.
[2] Les surfaces conservant encore un peu d'onctuosité.
[3] Les surfaces étant un peu onctueuses.
[4] Lorsque l'enduit est sans cesse renouvelé et uniformément réparti, ce rapport peut s'abaisser jusqu'à 0.05.

TABLEAU N° 3.

FROTTEMENT DES TOURILLONS EN MOUVEMENT SUR LEURS COUSSINETS.

Indication des surfaces en contact.	État des surfaces.	Rappport du frottement à la pression lorsque l'enduit est renouvelé	
		à la manière ordinaire.	d'une manière continue.
Tourillons en fonte sur coussinets en fonte.	enduites d'huile d'olive, de saindoux, de suif ou de cambouis mou. . . .	0.07 à 0.08	0.054
	avec les mêmes enduits et mouillées d'eau	0.08	»
	enduites d'asphalte	0.054	»
	onctueuses	0.14	»
	onctueuses et mouillées d'eau	0.14	»
Tourillons en fonte sur coussinets en bronze	enduites d'huile d'olive, de saindoux, de suif ou de cambouis mou. . . .	0.07 à 0.08	0.054
	onctueuses.	0.16	»
	onctueuses et mouillées d'eau	0.16	»
	très peu onctueuses	0.19	» [1]
Tourillons en fonte sur coussinets en bois de gayac . .	sans enduit	0.18	» [2]
	enduites d'huile ou de saindoux.	»	0.090
	onctueuses d'huile ou de saindoux.	0.10	»
	onctueuses d'un mélange de saindoux et de plombagine.	0.14	»
Tourillons en fer sur coussinets en fonte	enduites d'huile d'olive, de suif, de saindoux ou de cambouis mou . . .	0.07 à 0.08	0.054

[1] Les surfaces commençant à se roder.
[2] Les bois étant un peu onctueux.

Indication des surfaces en contact.	État des surfaces.	Rapport du frottement à la pression lorsque l'enduit est renouvelé	
		à la manière ordinaire.	d'une manière continue.
Tourillons en fer sur coussinets en bronze	enduites d'huile d'olive, de saindoux ou de suif.	0.07 à 0.08	0.054
	enduites de cambouis ferme	0.09	»
	onctueuses et mouillées d'eau	0.19	»
	très peu onctueuses	0.25	» [1]
Tourillons en fer sur coussinets en gayac	enduites d'huile ou de saindoux	0.11	»
	onctueuses	0.19	»
Tourillons en bronze sur coussinets en bronze . . .	enduites d'huile.	0.10	»
	enduites de saindoux . . .	0.09	»
Tourillons en bronze sur coussinets en fonte	enduites d'huile ou de suif.	»	0.045 à 0.052
Tourillons en gayac sur coussinets en fonte.	enduites de saindoux . . .	0.12	»
	onctueuses	0.15	»
Tourillons en gayac sur coussinets en gayac	enduites de saindoux . . .	»	0.07

[1] Les surfaces commençant à se roder.

187. *Application aux vannes.* — Soit L la largeur horizontale d'une vanne soumise à une certaine charge d'eau, et H' la charge ou la hauteur du niveau au dessus d'une tranche horizontale d'une épaisseur h' infiniment petite de cette vanne. La surface pressée de cet élément sera Lh' et la pression qu'il éprouvera sera $1000.L.h'.H'$. La pression totale sur la surface entière de la vanne étant égale à la somme de toutes les pressions semblables sur chacun des éléments, elle aura pour valeur

$$1\,000\,L\,[H'h' + H''h'' + H'''h''' + \text{etc.}].$$

Or les produits LH'h', LH''h'', etc., sont les moments des surfaces élémentaires L.h', Lh'', etc., par rapport au plan du niveau, et leur somme est égale au moment de la surface totale égal à LE.H, en nommant E la hauteur pressée de la vanne, et H la distance de son centre de gravité à la surface du niveau ou la charge sur son centre de figure. Donc cette pression totale est

Fig. 65.

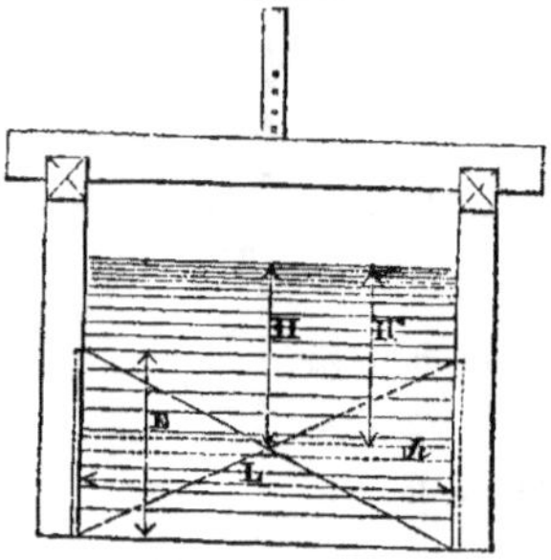

$$1\,000\,\text{LEH},$$

et le frottement qui en résulte contre les coulisses de cette vanne est

$$1\,000.\,f.\text{LEH},$$

f étant le rapport du frottement à la pression pour les surfaces en contact, rapport dont on devra prendre la valeur dans le premier tableau s'il s'agit de calculer l'effort à exercer pour mettre la vanne en mouvement.

Exemple : Si L$=2^m$.00, E$=0^m$.35, H$=1^m$.50, le premier tableau donne pour une vanne en bois de chêne glissant à fibres croisées sur du bois de chêne mouillé d'eau $f=0.71$; on a donc pour le frottement

$$1\,000 \times 0.71 \times 2^m.00 \times 0^m.35 \times 1^m.50 = 741 \text{ kil.}$$

Cet effort doit être transmis dans le sens des crémaillères fixées à la vanne, et comme il est considérable, il faudrait disposer un appareil du genre des crics convenablement proportionné, pour l'établissement duquel il faudra prendre, pour l'effort qu'un homme peut exercer à la manivelle pendant un moment, 25 à 30 kilogrammes au plus, et pendant le mouvement environ 10 à 12 kilogrammes.

Lorsque la vanne est en mouvement, l'effort à transmettre aux crémaillères est beaucoup moindre, parce que le rapport du frottement à la pression diminue et se réduit pour les vannes et coulisses en bois mouillées à 0.25, ce qui donne pour le frottement pendant le mouvement

$$1\,000 \times 0.25\ \text{L.EH} = 1\,000 \times 0.25 \times 2^m.00 \times 0^m.35 \times 1^m.50 = 131^{kil}.25$$

aux premiers instants, et une valeur décroissante à mesure que, la vanne s'élevant, la charge H sur son centre diminue.

Il est inutile de dire sans doute que la manœuvre de vanne doit être calculée pour l'effort maximum.

188. *Application aux châssis de scie.* — S'il s'agit, par exemple, d'un châssis de scierie à placage soumis à une pression de 50 kilogrammes et garni de bandes

de fer glissant dans des coulisses en bronze, graissées avec du saindoux, on a, si les surfaces sont bien graissées, pour le frottement :

$$0.07 \times 50 = 3^{\text{kil}}.50 ;$$

et si elles sont onctueuses :

$$0.15 \times 50 = 7^{\text{kil}}.50.$$

Si la course du châssis est de $1^m.20$ et le nombre de coups de 180 en $1'$, le chemin parcouru en $1''$ sera de $3^m.60$ et le travail consommé par le frottement du châssis en $1''$ sera dans le premier cas :

$$3^m.60 \times 3^{\text{kil}}.50 = 12^{\text{kil}}.60 = \frac{1}{6} \text{ de cheval.}$$

dans le second cas :

$$3.60 \times 7.50 = 27.00 = \frac{1}{3} \text{ de cheval;}$$

189. *Application aux tourillons.* — Pour calculer le travail consommé par le frottement des tourillons d'un axe de rotation on commence par chercher la résultante des forces qui agissent autour de cet axe, et pour cela, s'il le faut, on décompose toutes ces forces en deux : l'une horizontale, l'autre verticale ; et l'on prend séparément la résultante de chacun de ces groupes. Nommant X la somme des composantes horizontales, Y la somme des composantes verticales, la résultante générale sera

$$\sqrt{X^2 + Y^2},$$

et le frottement qu'elle produira sera

$$f. \sqrt{X^2 + Y^2}.$$

L'on doit à M. Poncelet un théorème fort utile duquel il résulte que, quand l'on ne connaît pas l'ordre de grandeur de X et de Y, on peut calculer à $\frac{1}{6}$ près la valeur du radical par la formule $0.85\,(X+Y)$, et que, si l'on sait d'avance que l'un des termes, X, par exemple, est plus grand que l'autre, ce qui arrive le plus souvent, on aura la valeur du radical à $\frac{1}{25}$ près par l'expression $0.96\,X+0.4\,Y$.

Supposons, par exemple, qu'il s'agisse d'une roue hydraulique à augets pesant 40000 kilogrammes, transmettant un effet utile de 50 chevaux à sa circonférence extérieure et communiquant le mouvement à un pignon, de façon que la résistance utile soit horizontale et représentée par Q. Supposons enfin que le rayon de la roue soit $R = 3^m.00$, la vitesse à sa circonférence de $1^m.60$, et le rayon R' de la roue d'engrenage égal à $2^m.00$. L'effort P transmis à la circonférence de la roue sera d'abord

$$P = \frac{50 \times 75}{1.60} = 2\,343^{kil}.75.$$

La pression sur les tourillons de la roue hydraulique sera

$$\sqrt{(M+P)^2 + Q^2},$$

ou, attendu que $M = 40\,000^{il}$, le poids de la roue, et que par conséquent $M+P$ est plus grand que Q, on pourra prendre pour valeur approchée du radical à $\frac{1}{25}$ près

$$0.96\,(M+P) + 0.4Q.$$

Pour le mouvement uniforme, il faut que le moment

de la puissance P soit égal à la somme des moments des résistances. On a donc, en appelant r le rayon du tourillon $= 0^m.12$, $f = 0.07$.

$$2344^k.4 \times 3^m = Q.2^m + 0.96(0.07)(40000 + 2344^k.4)(0.12) + 0.4(0.07)(Q \times 0.12)$$

d'où

$$Q = \frac{2\,344.4 \times 3.00 - 0.96 \times 0.07 \times 42\,344.4 \times 0.12}{2.00 + 0.4 \times 0.07 \times 0.12} = 5\,339^k.28,$$

tandis que, si l'on avait négligé le frottement des tourillons, on aurait trouvé

$$Q = \frac{2\,344.4 \times 3}{2} = 3516^{kil}.6.$$

La vitesse à la circonférence de la roue d'engrenage étant

$$1.60 \times \frac{2}{3} = 1.067,$$

le travail transmis à cette circonférence en $1''$ est

$$3\,339^{kil}.1 \times 1.067 = 3\,626^{km}.7 = 47^{chev}.5.$$

La perte par le frottement des tourillons est donc

$$50^{chev}.00 - 47.5 = 2^{chev}.5.$$

Si la surface des tourillons n'était qu'onctueuse, la perte serait double.

Le chemin parcouru par les points frottants étant un des facteurs du travail consommé par cette résistance passive, il importe de le diminuer le plus possible, et par conséquent de ne donner aux tourillons que la dimension nécessaire à la solidité. Pour calculer leur diamètre dans l'établissement de la roue, on fera abstraction du frottement, ce qui donnera une première valeur de

$Q = 3\,516^{kil}.6$, un peu trop forte, et, par suite, pour la résultante des efforts auxquels le tourillon est soumis :

$$\sqrt{(42\,344.4)^2 + (3\,516.6)^2} = 42\,490^{kil}.$$

Chaque tourillon supporte donc à peu près $21\,245^k.0$ de pression, et son diamètre, calculé par la formule des tourillons des roues hydrauliques, sera

$$d^2 = \frac{21\,245^{kil}.8}{368\,156} = 0.0\,576; \text{ d'où } d = 0^m.24.$$

C'est la valeur que nous avons adoptée dans le calcul précédent.

190. *Essieux des voitures*.— On calculera d'une manière analogue le frottement des essieux de voitures contre leurs boîtes, en observant que c'est la boîte qui glisse autour de l'essieu, et que le chemin parcouru par les points frottants est la circonférence de la boîte, dont on prendra pour rayon moyen la moyenne arithmétique entre ses rayons extérieurs.

XVIIe LEÇON.

191. *De la raideur des cordes.* — Lorsqu'une corde sollicitée à son extrémité par un poids ou un effort de tension s'enroule sur un cylindre ou sur une poulie mobile autour de son axe, elle éprouve à se plier une difficulté causée par sa raideur, et la courbure qu'elle affecte est d'un rayon plus grand que celui du cylindre, de sorte que la direction du brin prolongé passe à

Fig. 66.

une distance de l'axe plus grande que le rayon du rouleau augmenté de celui de la corde. De là résulte que le moment de la tension de ce brin est augmenté d'une certaine quantité provenant de la résistance de la corde à la flexion.

Cette résistance, connue sous le nom de raideur des cordes, a été étudiée expérimentalement par Amontons, et plus tard par Coulomb, qui s'est servi de l'appareil imaginé par son prédécesseur et d'un autre dispositif analogue à celui que nous avons décrit au n° 167, et qui lui a servi pour ses expériences sur le roulement. Nous donnerons donc une idée suffisamment exacte de ces recherches en nous occupant seulement de celles de Coulomb, qui, bien qu'incomplètes, sont encore ce que nous possédons de mieux sur cette matière.

192. *Expériences de Coulomb avec l'appareil d'Amontons.* — Dans cet appareil, un rouleau libre LM est en-

veloppé d'un tour de chacun des deux brins du cordage
mis en expérience, et qui passe sur deux poulies A et

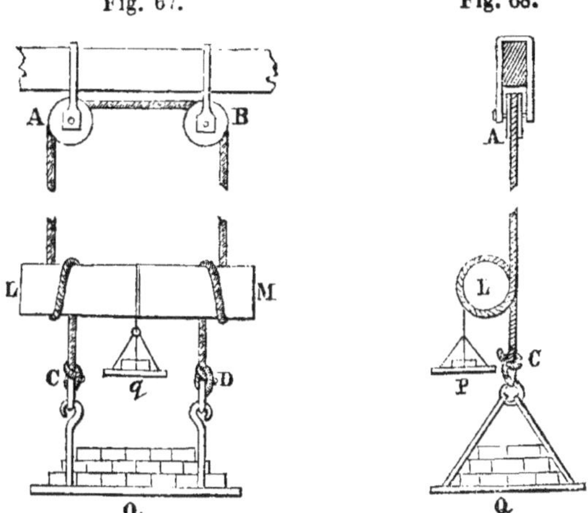

B fixées à une poutre. Aux extrémités C et D de ce cordage sont deux crochets soutenant un plateau chargé
de poids. Le rouleau est placé horizontalement, et le
tour de chaque brin qui l'enveloppe est disposé symé-
triquement. Au milieu de l'intervalle de ces tours une
ficelle flexible entoure le rouleau, auquel elle est fixée
par un bout, et supporte à l'autre un petit plateau, dans
lequel on met le poids q nécessaire pour faire lentement
descendre le rouleau.

Dans ce mouvement la partie inférieure de chaque
brin du cordage s'enroule sur le rouleau, et la partie
supérieure se déroule. La tension de chaque brin est
égale à la moitié $\frac{Q}{2}$ de la charge du plateau. De plus, il
est facile de voir que, la rotation instantanée du rouleau
ayant lieu autour du point de contact, le chemin parcouru par le poids moteur q sera double du chemin

parcouru par les parties enroulées de la corde. En ef-
fet, quand le rouleau sera descendu du point de contact a au point b, il est évident que l'arc de corde enroulé ou le chemin parcouru dans le sens de la résistance à l'enroulement sera ab. Or il est clair que dans ce déplacement le point de la ficelle de suspension du poids moteur q, qui sera venu dans la verticale ou au contact, sera un point d' placé à une distance de c égale à arc $cd' = $ arc $ab' = ab$, donc à l'arc où le rouleau aura marché. Donc le poids sera descendu de ab par le transport du rouleau, et de $cd' = ab$ par son roulement, ou enfin de $2.ab$ en tout.

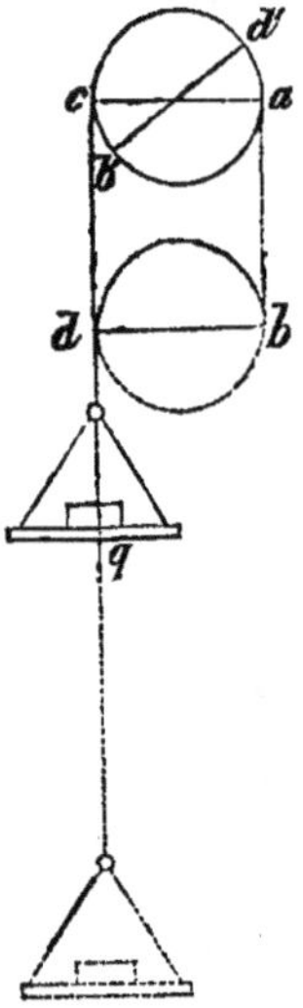

Le travail développé par ce poids sera $q \times 2ab = q$. Da_1 en appelant D le diamètre moyen du rouleau et a_1 l'angle décrit à l'unité de distance, tandis que le travail développé par la raideur R_1 de chaque brin sera

$$R_1 \times ab = R \cdot \frac{D}{2} \cdot a_1.$$

On aura donc au moment où l'équilibre aura lieu, ou quand le mouvement sera très lent et à peu près uniforme, et à cause de la résistance des deux brins :

$$q \cdot D = 2.R_1 \frac{D}{2}; \text{ d'où } q = R_1,$$

c'est-à-dire que le poids moteur est égal à la résistance que chacun des deux brins oppose à l'enroulement.

Coulomb a tiré de ses expériences la conclusion que

cette résistance à l'enroulement pouvait être représentée par une expression composée de deux termes, l'un constant pour chaque corde et chaque rouleau, que nous désignerons par la lettre A, et que ce physicien a nommé la raideur naturelle, parce qu'il dépend du mode de fabrication de la corde, et du degré de tension de ses fils et de ses torons ; l'autre proportionnel à la tension T du brin qui s'enroule, et que l'on exprime par le produit BT, dans lequel B est aussi un nombre constant pour chaque corde et chaque rouleau. Dans le cas de l'appareil d'Amontons on a $T = \dfrac{Q}{2}$, et la formule de Coulomb donne

$$q = R_{\iota} = A + B\frac{Q}{2}$$

Ainsi, quand les valeurs du poids moteur q, correspondantes à chacune des valeurs Q du poids total du plateau, sont données par l'expérience, si l'on prend les poids totaux Q du plateau pour abscisses et les valeurs de q pour ordonnées, l'inclinaison de cette ligne droite fournira les valeurs de A et de $\dfrac{B}{2}$ pour chaque corde et chaque rouleau.

193. *Résultats des expériences de Coulomb.* — Avant d'aller plus loin, nous rapporterons dans le tableau suivant les données et les résultats des expériences que Coulomb a exécutées avec l'appareil d'Amontons, en transformant les anciennes mesures en nouvelles.

Résultats des expériences de Coulomb sur la raideur des cordes faites avec l'appareil d'Amontons.

Charges ou tensions totales des deux brins Q.	Valeurs du poids moteur trouvées pour les cordes des diamètres de								
	$d=0^m.0088$ ou de 6 fils enroulées sur des rouleaux de diamètres D égaux à			$d=0^m.0144$ ou de 15 fils enroulées sur des rouleaux de diamètres D égaux à			$d=0^m.0200$ ou de 30 fils enroulées sur des rouleaux de diamètres D égaux à		
	$0^m.027$	$0^m.054$	$0^m.108$	$0^m.027$	$0^m.054$	$0^m.108$	$0^m.054$	$0^m.108$	$0^m.162$
	kil.	kil.	kil.	kil.	kil.	kil.	kil.	kil.	kil.
12.24	0.970	»	»	3.427	1.566	0.832	5.385	2.448	»
61.19	5.385	1.958	»	10.769	4.406	2.447	10.280	4.161	»
110.14	8.322	3.182	»	14.085	8.322	3.427	14.196	6.853	»
208.04	15.175	5.874	2.790	31.818	15.175	6.364	23.007	11.259	»
305.94	21.049	15.175	4.406	45.035	20.070	9.175	32.797	15.175	»
501.74	»	21.049	5.385	»	»	13.217	»	24.475	16.643

Coulomb a conclu de ces expériences que la résistance à l'enroulement variait en raison inverse du diamètre du rouleau, d'où il suit que le produit de cette résistance ou du poids moteur qui lui fait équilibre par le diamètre du rouleau doit être une quantité constante. Cherchons si cette conséquence est suffisamment justifiée, et à cet effet, faisons le produit des diamètres des rouleaux par les valeurs obtenues pour le poids moteur q, pour chaque corde et chaque tension employées; nous obtiendrons ainsi les résultats consignés dans le tableau suivant, qui représenteraient les résistances à l'enroulement sur un cylindre de $1^m.00$ de diamètre.

Charges ou tensions totales des deux brins Q.	Valeurs du produit qD pour les cordes des diamètres de								
	$d=0^m.0088$ ou de 6 fils enroulées sur des rouleaux des diamètres D égaux à			$d=0^m.0144$ ou de 15 fils enroulées sur des rouleaux des diamètres D égaux à			$d=0^m.0200$ ou de 30 fils enroulées sur des rouleaux des diamètres D égaux à		
	$0^m.027$	$0^m.054$	$0^m.108$	$0^m.027$	$0^m.054$	$0^m.108$	$0^m.054$	$0^m.108$	$0^m.162$
kil.									
12.24	0.0264	»	»	0.0925	0.0845	0.0898	0 2900	0.2645	»
61.19	0 1450	0.1060	»	0.2910	0.2580	0.2645	0.5530	0.4490	»
110.14	0.2245	0.1720	»	0 5800	0.4490	0.5700	0.7650	0.7400	»
208.04	0.4080	0.3170	0.5010	0.8600	0.8190	0.6860	1.2400	1.2150	»
305.94	0.5680	0.3960	0.4750	1.2110	1.1200	0.9900	1.7700	1.6400	»
501.74	»	»	0 5810	»	»	1.3600	»	2.6400	2.6950

L'examen de ce tableau montre que pour la corde de $0^m.02$ de diamètre, les valeurs du produit qD sont à peu près égales pour tous les diamètres de rouleaux employés; qu'il en est à peu près de même pour la plupart des résultats fournis par la corde de $0^m.0144$; mais que ceux qui sont relatifs à la corde de $0^m.0088$ sont beaucoup moins d'accord avec la loi admise par Coulomb.

Cependant, comme il s'agit en général dans les applications de cordes de diamètres supérieurs à $0^m.0088$, nous admettons, jusqu'à plus ample information, avec ce physicien, que la résistance à l'enroulement varie en raison inverse du diamètre du cylindre.

M. Navier, dans la discussion des expériences de Coulomb, qu'il a donnée dans la seconde édition de l'*Architecture hydraulique de Bélidor*, a attribué aux constantes A et B des valeurs particulières aux cordes des différents diamètres employés, et qui sont respectivement les suivantes :

Diamètre des cordes d.	Valeurs des coefficients	
	A.	B.
0^m.0200	0.222460	0.009738
0^m.0144	0.063551	0.005518
0^m.0088	0.010604	0.002380

Mais, pour comparer la formule donnée par M. Navier aux résultats des expériences, on ne devra introduire dans cette formule $R = A + BT$ que les valeurs de $T = \frac{Q}{2}$ pour en déduire les poids moteurs q, qui auraient dû être trouvés avec l'appareil d'Amontons. C'est ainsi que l'on a fait cette comparaison dans les figures (pl. IV) en prenant d'abord pour la représentation graphique des résultats de l'expérience les abscisses égales aux charges totales et les ordonnées égales aux valeurs de qD et aux résistances à l'enroulement sur un cylindre d'un mètre de diamètre. Puis, pour comparer ces résultats à ceux de M. Navier, on a pris les émmes abscisses et pour ordonnées les valeurs de $A + \frac{B}{2}.Q$, déduites des valeurs de A et de B qu'il a données.

L'examen des figures 1, 2 et 3, montre que les valeurs de A et de B adoptées par M. Navier s'accordent très bien avec les résultats de l'observation pour la corde de 0^m.0200, mais que pour les cordes de 0^m.0144 et de 0^m.0088 les valeurs de ces quantités adoptées par cet ingénieur sont trop faibles, surtout quant au nombre B, et paraissent avoir été déterminées seulement à l'aide de la dernière série d'expériences faites sur chaque corde, et avec la valeur q obtenue pour la plus grande charge.

Coulomb a fait d'autres expériences en posant des rouleaux de différents diamètres sur le banc horizontal employé à ses expériences sur le frottement, et en chargeant ces rouleaux de poids égaux suspendus aux deux brins de la corde en expérience. Une ficelle très flexible dont il négligeait la raideur servait à suspendre les poids moteurs capables de produire ou d'entretenir un mouvement très lent. Des expériences préalables lui ayant permis d'apprécier la résistance due au roulement des rouleaux, il a pu la défalquer et obtenir celle qui provenait de la raideur des cordes. Les résultats de ces expériences sont rapportés dans le tableau suivant et traduits en mesures métriques.

Expériences de Coulomb sur la raideur des cordes avec les rouleaux mobiles sur un plan horizontal.

Charges ou tensions Q.	Valeurs de la résistance à l'enroulement pour des cordes des diamètres de			
	$d = 0^m.2\,000$ enroulées sur des rouleaux de diamètres D égaux à		$d = 0^m.0\,144$ enroulées sur un rouleau de $0^m.162$	$d = 0^m.0\,088$ enroulées sur un rouleau de $0^m.162$
	$0^m.325$	$0^m.162$		
kil.	kil.	kil.	kil.	kil.
12.24	»	»	0.558	»
48.95	1.713	»	2.185	»
97.90	»	6.462	4.014	1.615
146.85	5.384	»	»	»
244.75	7.049	»	8.565	»

En admettant encore avec Coulomb, d'après les résultats des précédentes expériences, que la résistance à l'enroulement varie en raison inverse du diamètre des rouleaux, nous aurons la résistance pour un rouleau d'un mètre de diamètre en multipliant respectivement chacune de celles qui sont consignées dans ce tableau par le diamètre du rouleau correspondant. C'est ce que l'on a fait pour former le tableau suivant, dans lequel on a aussi inséré les valeurs de la même résistance calculée à l'aide des valeurs de A et de B admises par M. Navier, afin de reconnaître si la formule $R = A + BQ$, représente effectivement les résultats des expériences.

Charges ou tensions Q.	Résistances à l'enroulement sur un tambour d'un mètre de diamètre pour des cordes des diamètres de					
	$0^m.0200$		$0^m.0144$		$0^m.0088$	
	observées par Coulomb.	calculées d'après M. Navier.	observées par Coulomb.	calculées d'après M. Navier.	observées par Coulomb.	calculées d'après M. Navier.
kil.	kil.	kil.	kil.	kil.	kil.	kil.
12.25	»	»	0.090	0.135	»	»
48.95	0.5577	0.699	0.254	0.333	»	»
97.90	1.066	1.176	0.650	0.401	0.252	0.243
146.85	1.750	1.653	»	»	»	»
244.75	2.291	2.603	1.387	1.351	»	»

On voit par cette comparaison que les valeurs des coefficients A et B adoptées par M. Navier pour les cordes expérimentées conduisent à peu près aux mêmes valeurs de la résistance à l'enroulement sur un tambour d'un mètre de diamètre que celles qui sont données par les expériences précédentes, et comme elles satisfont aussi aux expériences faites avec l'appareil d'Amontons sur la corde de $0^m.0200$ de diamètre et aux plus fortes charges de celles qui sont relatives aux cordes de $0^m.0144$

et $0^m.0088$, il s'ensuit qu'on peut adopter ces valeurs de A et de B pour les cordes blanches sèches et en bon état.

194. *Extension des résultats des expériences de Coulomb à des diamètres différents.* — Pour étendre les résultats des expériences de Coulomb à des cordes de diamètres différents de ceux qui avaient été expérimentés, M. Navier a admis très explicitement ce que Coulomb n'avait qu'indiqué assez vaguement : que les coefficients A étaient proportionnels à une certaine puissance du diamètre qui dépendait de l'état d'user des cordes; mais cette supposition ne nous paraît pas justifiée ni même admissible, car elle conduirait à cette conséquence, qu'une corde usée d'un mètre de diamètre aurait la même raideur qu'une corde neuve, ce qui est évidemment faux et d'ailleurs la comparaison même des valeurs de A et de B prouve que la puissance à laquelle il faut élever le diamètre ne serait pas la même pour les deux termes de la résistance (1).

---

(1) En effet M. Navier suppose que $A = ad^\mu$ et $B = bd^\mu$, a et b étant des constantes qui ne dépendent pas de l'état d'user de la corde, et μ un exposant qui devrait être le même dans les deux expressions, et qui varie de **2** à **1** selon l'user. Or il est d'abord évident que, si la corde avait un diamètre $d = 1^m.00$, d^μ serait toujours égal à **1**, quel que fût le degré d'user, et qu'alors la résistance d'une vieille corde serait la même que celle d'une corde neuve, ce qui n'est pas admissible.

Mais de plus, M. Navier ayant donné pour des cordes des diamètres

$d = 0^m.0200$ les valeurs $ad^\mu = 0^{kil}.222\,460,\ bd^\mu = 0.009\,738,$
$d = 0^m.0144$ — $ad^\mu = 0^{kil}.063\,514,\ bd^\mu = 0.005\,518,$
$d = 0^m.0088$ — $ad^\mu = 0^{kil}.010\,604,\ bd^\mu = 0.002\,380,$

195. *Expressions de la raideur des cordes en fonction du nombre des fils de caret.* — Puis donc que la forme proposée par M. Navier pour l'expression de la résistance des cordes à l'enroulement ne peut être admise, il convient d'en rechercher une autre, et il semble naturel d'essayer si les facteurs A et B ne pourraient pas être exprimés, pour les cordes blanches, simplement d'après le nombre de fils de caret des cordes, comme Coulomb l'a trouvé pour les cordes goudronnées.

Or, en divisant les valeurs de A obtenues pour chaque corde par M. Navier par le nombre de fils de caret, on trouve d'abord pour

$$n=30 \quad d=0^{m}.0200 \quad A=0.222\,460 \quad \frac{A}{n}=0.0\,074\,153$$

$$n=15 \quad d=0^{m}.0114 \quad A=0.063\,514 \quad \frac{A}{n}=0.0\,042\,343$$

$$n=6 \quad d=0.0088 \quad A=0.010\,604 \quad \frac{A}{n}=0.0\,017\,673$$

On voit par là que le nombre A n'est pas simplement proportionnel au nombre de fils de caret.

En comparant ensuite les valeurs du rapport $\frac{A}{n}$ cor-

---

on déduit

des valeurs de ad^{μ} en moyenne $\mu=3.7\,526$ et $a=531\,286^{\text{kil}}$,
et de celle de bd^{μ} — $\mu=1.7\,174$ et $b=8^{\text{kil}}.0\,520$

Il suit donc de là que les valeurs des coefficients A et B ne sauraient être de la forme ad^{μ} et bd^{μ} que leur a assignée M. Navier, l'exposant μ ne pouvant être le même pour ces deux quantités, et les facteurs constants a et b devant varier avec l'état d'user des cordes.

respondantes aux trois cordes, on trouve les résultats suivants :

Nombres de fils.	Valeurs de $\frac{A}{n}$	Différences des nombres de fils.	Différences des valeurs de $\frac{A}{n}$	Différences des valeurs de $\frac{A}{n}$ par fil de différence.
30	0.0074155	De 30 à 15. 15 fils.	0.0031810	0.000212
15	0.0042345	De 15 à 6. 9	0.0024470	0.000272
6	0.0017675	De 30 à 6. 24	0,0056480	0.000252

Différence moyenne par fil 0.000245

Il suit de là que l'on représentera avec toute l'exactitude suffisante pour la pratique les valeurs de A données par l'expérience par la formule

$$A = n[0.0017675 + 0.000245(n - 6)] = n[0.0002975 + 0.000245n],$$

expression relative seulement aux cordes blanches et neuves, comme celles sur lesquelles Coulomb a opéré.

Quant à la valeur de B, elle paraît être proportionnelle au nombre de fils de caret, car l'on trouve pour

$$n = 30 \quad d = 0^{\mathrm{m}}.0200 \quad B = 0.009\,738 \quad \frac{B}{n} = 0.0\,003\,246$$

$$n = 15 \quad d = 0^{\mathrm{m}}.0144 \quad B = 0.005\,518 \quad \frac{B}{n} = 0.0\,003\,678$$

$$n = 6 \quad d = 0^{\mathrm{m}}.0088 \quad B = 0.002\,380 \quad \frac{B}{n} = 0.0\,003\,967$$

Moyenne . . 0.0003630

d'où

$$B = 0.000\,363n.$$

Par conséquent on représenterait avec une exactitude

suffisante pour la pratique les résultats des expériences de Coulomb sur les cordes blanches neuves et sèches par la formule

$$R = n \, [0.000\,297 + 0.000\,245\,n + 0.000\,363\,Q] \text{ kil.},$$

qui donnerait la résistance à l'enroulement sur un tambour d'un mètre de diamètre, ou par la formule

$$R = \frac{n}{D} \, [0.000\,297 + 0.000\,245\,n + 0.000\,363\,Q] \text{ kil.}$$

pour un tambour d'un diamètre D.

196. *Observation relative aux cordes usées.* — Quant aux cordes usées, la règle donnée par M. Navier ne saurait être admise, ainsi que je l'ai fait voir dans la note précédente, puisqu'elle donnerait pour la raideur d'une corde d'un diamètre égal à l'unité la même raideur que pour une corde neuve; et c'est pour avoir adopté, ainsi que d'autres auteurs, cette règle, sans en discuter, comme je viens de le faire, les éléments, que j'ai été conduit à ce résultat inadmissible, en calculant la table des raideurs des cordes insérée dans la troisième édition de mon *Aide-Mémoire de mécanique pratique*, page 328.

Les expériences de Coulomb sur les cordes usées n'étant pas d'ailleurs assez complètes et ne fournissant aucune donnée précise, il n'est pas possible sans de nouvelles recherches de donner de règle pour calculer la raideur de ces cordes.

197. *Cordes goudronnées.* — En calculant les résultats des expériences de Coulomb sur les cordes goudronnées, comme nous l'avons fait pour les cordes blanches, on trouve les valeurs suivantes:

$$30 \text{ fils} \quad A = 0.34\,982 \qquad B = 0.0\,125\,605$$
$$15 \text{ fils} \quad A = 0.106\,003 \qquad B = 0.006\,037$$
$$6 \text{ fils} \quad A = 0.0\,212\,012 \qquad B = 0.0\,025\,997$$

qui diffèrent très peu de celles que M. Navier a données. Mais si l'on cherche la résistance correspondante à chaque fil de caret, on trouve

$$30 \text{ fils} \quad \frac{A}{n} = 0.0\,116\,603 \qquad \frac{B}{n} = 0.000\,418\,683$$
$$15 \text{ fils} \quad \frac{A}{n} = 0.0\,070\,662 \qquad \frac{B}{n} = 0.000\,402\,466$$
$$6 \text{ fils} \quad \frac{A}{n} = 0.0\,035\,335 \qquad \frac{B}{n} = 0.000\,433\,283$$

$$\text{Moyenne} \ldots \ldots 0.000\,418\,14$$

On voit par là que la valeur de B est pour les cordes goudronnées comme pour les cordes blanches sensiblement proportionnelle au nombre de fils de caret, mais qu'il n'en est pas de même pour celles de A comme l'a admis M. Navier.

En comparant, comme nous l'avons fait pour les cordes blanches, les valeurs de $\frac{A}{n}$ correspondantes aux trois cordes, de 30, 15 et 6 fils, on obtient les résultats suivants:

Nombre de fils.	Valeurs de $\frac{A}{n}$	Différences des nombres de fils.	Différences des valeurs de $\frac{A}{n}$	Différences des valeurs de $\frac{A}{n}$ par fil de différence.
30	0.0116603	De 30 à 15. 15 fils.	0.0045941	0.000306
15	0.0070662	De 15 à 6. 9	0.0035327	0.000392
6	0.0035335	De 30 à 6. 24	0.0081268	0.000339

$$\text{Moyenne} \ldots \ldots 0.000546$$

Il suit de là que la valeur de A peut être représentée par la formule

$$A = n[0.0\,035\,335 + 0.000\,346(n-6)] = [0.0\,014\,575 + 0.000\,346n]n,$$

et la résistance totale sur un rouleau de diamètre D, par

$$R = \frac{n}{D}[0.0\,014\,575 + 0.000\,346n + 0.0\,004\,181Q]\ \text{kil.}$$

Cette expression est exactement de même forme que celle qui est relative aux cordes blanches et montre que la raideur des cordes goudronnées est un peu supérieure à celle des cordes blanches neuves.

198. *Table des raideurs des cordes de différents diamètres enroulées sur un tambour d'un mètre de diamètre.* — A l'aide des deux formules déduites des expériences de Coulomb pour les cordes blanches, neuves et sèches, et les cordes goudronnées, les seules sur lesquelles on ait des expériences un peu nombreuses, on a pu former les tables suivantes, pour lesquelles on a calculé approximativement, d'après les données de Coulomb, les nombres de fils de caret correspondants aux différents diamètres à l'aide des formules

$$d^{\text{cent}} = \sqrt{0.1\,338n}$$

pour les cordes blanches sèches; et

$$d^{\text{cent}} = \sqrt{0.186n}$$

pour les cordes goudronnées, en observant que le cordage de six fils de Coulomb paraît trop petit, et en admettant que les nombres de fils soient proportionnels aux quarrés des diamètres.

Nombre de fils.	Cordes blanches.			Cordes goudronnées.		
	Diamètre.	Valeur de la raideur naturelle A.	Valeur de la raideur proportionnelle à Q.	Diamètre.	Valeur de la raideur naturelle A.	Valeur de la raideur proportionnelle à Q.
	m.	kil.		m.	kil.	
6	0.0089	0.0106058	0.002178	0.0105	0.021201	0.002512999
9	0.0110	0.0225207	0.003267	0.0129	0.041145	0.003769488
12	0.0127	0.0388476	0,004556	0.0149	0.067514	0.005025984
15	0.0141	0.0595845	0.005445	0.0167	0.097712	0.006282480
18	0.0155	0.0847514	0.006534	0.0185	0.158359	0.007558976
21	0.0168	0.1142885	0.007625	0.0198	0.183193	0.008795472
24	0.0179	0.1482552	0.008712	0.0211	0.234276	0.010051968
27	0.0190	0.1866321	0.009801	0.0224	0.291586	0.011308464
30	0.0200	0.2294190	0.010890	0.0236	0.355125	0.012564963
33	0.0210	0.2766159	0.011979	0.0247	0.424891	0.013821456
36	0.0220	0.3282228	0.013068	0.0258	0.500886	0.015077952
39	0.0228	0.3842397	0.014157	0.0268	0.583108	0.016334448
42	0.0237	0.4446666	0.015246	0.0279	0.671559	0.017590944
45	0.0246	0.5095035	0.016335	0.0289	0.766237	0.018847440
48	0.0254	0.5787504	0.017424	0.0298	0.867144	0.020103936
51	0.0261	0.6524073	0.018513	0.0308	0.974278	0.021360432
54	0.0268	0.7304742	0.019602	0.0316	1.087641	0.022616928
57	0.0276	0.8129511	0.020691	0.0326	1.207231	0.023873424
60	0.0283	0.8998380	0.021780	0.0334	1.333050	0.025129920

199. *Cordes mouillées.* — Quant aux cordes mouillées, les résultats des expériences de Coulomb sont trop peu concluants pour qu'on en puisse déduire quelque règle pratique: car il a trouvé que pour les cordes de 15 et de 6 fils la présence de l'eau n'augmentait pas la raideur, et que pour la corde de 30 fils le terme constant A, représentant la raideur naturelle, était seul augmenté et à peu près doublé. M. Navier, et après lui les autres auteurs, ont admis d'après cela que dans ce cas il fallait doubler la valeur du terme A en conservant la même au terme B. Mais il serait nécessaire de faire à ce sujet de nouvelles expériences plus complètes et plus concluantes.

200. *Usage des tables ou formules précédentes.* — Pour trouver la raideur d'une corde d'un diamètre ou d'un nombre de fils de caret donné, on recherchera d'abord dans la table ou par la formule les valeurs des quantités A et B correspondantes à ces données, et, connaissant la tension Q du brin enroulé, on aura sa résistance à l'enroulement sur un tambour d'un mètre de diamètre par la formule

$$R_{,}=A+BQ.$$

Puis, en divisant cette quantité par le diamètre du rouleau ou de la poulie sur lequel la corde doit être effectivement enroulée, on aura la résistance à l'enroulement sur ce rouleau.

Exemple. Quelle est la raideur d'une corde blanche sèche en bon état de $0^m.028$ de diamètre ou de 60 fils, qui s'enroule sur une poulie de chèvre de $0^m.220$ de diamètre à la gorge sous une tension de 800 kilogrammes. La table donne pour la corde blanche sèche en bon état de 60 fils de caret enroulée sur un tambour d'un mètre de diamètre

$$A = 0^{kil}.899838 \quad B = 0.02178,$$

on a

$$D = 0^m.220 + 0^m.028 = 0^m.248,$$

et par suite

$$R = \frac{0.899\,838 + 0.02178 \times 800}{0.248} = 73^{kil}.883.$$

La résistance totale à vaincre, non compris le frottement des axes, est donc

$$Q + R = 800^k + 73^k.883 = 873^{kil}.883.$$

On voit que dans cet exemple la raideur a augmenté cette résistance de $\frac{1}{9}$ environ de sa valeur.

XVIIIe LEÇON.

DU TIRAGE DES VOITURES ET DES EFFETS DESTRUCTEURS QU'ELLES PRODUISENT SUR LES ROUTES.

201. L'étude des effets qui se produisent dans la marche des voitures peut être partagée en deux parties distinctes : le tirage des voitures proprement dit, et l'action qu'elles exercent sur les routes.

Les recherches relatives au tirage des voitures ont pour objet de déterminer l'intensité de l'effort que la puissance motrice doit exercer selon la grandeur de la charge, du diamètre, de la largeur des roues, de la vitesse et l'état ou la nature des routes.

Les premières expériences sur la résistance que les corps cylindriques éprouvent en roulant les uns sur les autres sont dues à Coulomb, qui, à l'occasion de celles qu'il voulait faire sur la raideur des cordes, détermina la résistance que des rouleaux en bois de gayac ou d'orme éprouveraient sur des surfaces planes en chêne, mises de niveau.

Les rouleaux employés étant placés perpendiculairement à la direction des pièces de chêne, on passait par dessus des ficelles flexibles à chaque bout desquelles on suspendait des poids égaux, et, selon le nombre de cordes ainsi chargées, on faisait varier la pression totale.

A une autre corde enroulée au milieu des rouleaux, on suspendait un poids moteur, dont on déterminait par expérience la valeur de manière qu'il suffît pour entretenir un mouvement *lent et continu* voisin de l'uniformité.

Les pressions ou charges totales et les poids moteurs déterminés dans les expériences par Coulomb sont rapportés dans le tableau suivaut.

Résultats des expériences de Coulomb sur la résistance au roulement.

Nature des rouleaux.	Pression.	Résistance pour les diamètres	
		de 6ᵖᵒ.	de 2ᵖᵒ.
	₶	₶	₶
Gayac {	100	0.60	1.6
	500	3.00	9.4
	1000	6.00	18.0
		12ᵖᵒ	6ᵖᵒ
Orme	1000	5₶	13₶

L'examen de ces résultats montre que dans ces expériences la résistance était sensiblement proportionnelle à la pression et en raison inverse du diamètre des rouleaux.

Des expériences analogues ont été exécutées à Vincennes et au Conservatoire des arts et métiers avec des rouleaux en bois de différents diamètres roulant sur du bois, du cuir et du plâtre. Le corps de ces rouleaux avait toujours à peu près 0ᵐ.200 de diamètre et le mode d'observation était analogue à celui de Coulomb. Seulement les courses totales étaient plus grandes et le mouvement observé avec des moyens plus précis.

D'après la disposition des appareils, si l'on nomme :

Q le poids moteur qui dans chaque cas entretient un mouvement uniforme ;

r le rayon de la partie du rouleau qui représentait la roue ;

r' le rayon du corps du rouleau ou le bras de levier du poids moteur ;

R la résistance au roulement ;

On a pendant le mouvement uniforne la relation

$$R.r = Q.r',$$

d'où l'on déduit dans chaque cas

$$R = Q.\frac{r'}{r}.$$

D'après la loi admise par Coulomb, la résistance au roulement étant proportionnelle à la pression que nous appelons P et en raison inverse du rayon ou du diamètre des rouleaux, elle peut être exprimée par la formule

$$R = A.\frac{P}{r}.$$

dans laquelle A serait un nombre constant pour chaque nature de terrain, mais variable de l'un à l'autre et suivant leur état. Nous rapporterons ici quelques résultats des expériences faites à Vincennes et au Conservatoire, ainsi que toutes les données à l'aide desquelles on a calculé pour chaque cas la valeur du nombre $A = \frac{Rr}{P}$, qui doit être constant, selon la loi de Coulomb.

Expériences sur des rouleaux de chêne roulant sur du peuplier.

Largeur des bandes de peuplier.	Pression des rouleaux. P.	Poids moteur Q.	Bras de levier du poids moteur r'.	Bras de levier de la résistance r	Valeur de la résistance. R.	Valeur du nombre $A = \dfrac{Rr}{P}$
m.	kil.	kil.	m.	m.	ki'.	
	197.54	1.752	0.1005	0.1810	0.972	0.000891
	175.17	1.585	0.0975	0.1355	1.124	0.000869
0.100	168.01	1.346	0.1015	0.0902	1.514	0.000815
	185.75	1.715	0.1010	0.0450	5.848	0.000952
					Moyenne.	0.000876
	199.355	3.565	0.1008	0.1810	1.979	0.001797
0.025	169.855	3.190	0.1015	0.0902	3.589	0.001906
	187.709	3.690	0.1010	0.0450	8.880	0.001984
					Moyenne.	0.001896

Ces résultats prouvent que la loi de Coulomb s'applique encore avec toute l'exactitude désirable pour la pratique au cas actuel, mais que de plus la résistance augmente quand la largeur des parties en contact diminue.

D'autres expériences du même genre ont confirmé ces conclusions, et l'on peut admettre, au moins comme lois de pratique suffisamment exactes, que pour les bois, le plâtre, le cuir, et généralement pour les corps durs, la résistance au roulement est à très peu près

1° Proportionnelle à la pression,

2° En raison inverse du diamètre des rouleaux,

3° D'autant plus grande que la largeur de la zône de contact est plus petite.

202. *Expériences sur des voitures marchant sur des routes ordinaires.* — Les expériences dont on vient de citer quelques résultats ne suffisaient pas pour autoriser à en étendre les conclusions au mouvement des voitures sur les routes ordinaires. Il était nécessaire d'opérer directement sur des voitures et dans les circonstances habituelles de leur service. Des expériences ont été entreprises à ce sujet d'abord à Metz en 1837 et 1838, puis à Courbevoie en 1839 et 1841, avec des voitures de toute espèce, et l'on a étudié séparément l'influence de la pression, celle du diamètre des roues, celle de leur largeur, celle de la vitesse de transport, celle de l'état du sol, sur l'intensité du tirage.

Pour indiquer la marche suivie dans la discussion des résultats immédiats des expériences, nous appellerons :

P le poids total de la voiture, non compris les roues;

p' et p'' le poids des roues de devant et de derrière;

P_1 la pression totale sur le sol;

P' et P'' les composantes du poids P sur chacun des essieux;

r' et r'' les rayons des roues de devant et de derrière;

r_1' et r_1'' les rayons moyens de chacune des boîtes de roues;

F l'effort de traction dans le sens des traits;

F_1 la composante de cet effort parallèlement au sol.

La pression du train de devant sur le sol sera $P'' + p'$,

celle du train de derrière $P'' + p''$, et d'après la loi de Coulomb la résistance au roulement sera :

$$\text{Pour le train de devant } A.\frac{P' + p'}{r'}.$$

$$\text{Pour le train de derrière } A.\frac{P'' + p''}{r''}.$$

Le frottement des boîtes contre leurs essieux rapporté à la circonférence de la roue sera :

$$\text{Pour le train de devant } f.\frac{P'r'}{r'_1},$$

$$\text{Pour le train de derrière } f.\frac{P''r''}{r''_1}.$$

Enfin, si le sol est incliné, la composante du poids total $P + p' + p''$ dans le sens de la pente sera

$$(P + p' + p'')\frac{H}{L}$$

en appelant H la pente correspondante à la longueur L. Cette composante agira d'ailleurs comme résistance dans les montées et comme puissance dans les descentes.

D'après cela il est évident que dans la montée, par exemple, la résistance totale au roulement sera, en appelant R' et R'' les résistances particulières à chaque train,

$$R' + R'' = F_1 - f.\left(\frac{P'r'_1}{r'} + \frac{P''r''_1}{r''}\right) - P + p' + p''\frac{H}{L}.$$

Les quantités f, P', P'', r', r'', r'_1, r''_1, F, p', p'', H et L, sont données par mesures directes, F_1 est donnée par l'expérience faite au dynamomètre ; on a donc pour chaque cas la valeur de $R' + R'' = R$.

Si la loi de Coulomb est vraie, on a d'ailleurs

$$R = R' + R'' = A \left(\frac{P'+p'}{r'} + \frac{P''+p''}{r''} \right),$$

d'où l'on tirera la valeur de la quantité **A**, qui doit être constante :

$$A = \frac{R}{\dfrac{P'+p'}{r'} + \dfrac{P''+p''}{r''}}.$$

Si les roues sont égales, l'expression ci-dessus se réduit à

$$A = \frac{R.r}{P'+p'+P''+p''} = \frac{Rr}{P+p'+p''}.$$

Rapport du tirage à la charge. — Nous ferons de suite remarquer que, si la loi de Coulomb peut être admise, l'effort horizontal de traction à exercer sur un sol de niveau aura, d'après ce qui précède, pour expression

$$F_{,} = A \left[\frac{P'+p'}{r'} + \frac{P''+p''}{r''} \right] + f\frac{p'r_{,}'}{r'} + \frac{fp''r_{,}''}{r'},$$

ou, à cause que les rayons des boîtes sont ordinairement les mêmes aux deux trains et égaux à une valeur moyenne $r_{,}$,

$$F_{,} = (A+fr_{,}) \left[\frac{P'}{r'} + \frac{P''}{r''} \right] + A \left[\frac{p'}{r'} + \frac{p''}{r''} \right].$$

On voit d'ailleurs que, si l'on voulait rendre le tirage des deux trains le même, il faudrait faire

$$\frac{P'+p'}{r'} = \frac{P''+p''}{r''},$$

condition qui, à cause que l'on a à peu près

$$\frac{p'}{r'} = \frac{p''}{r''}$$

se réduit à

$$\frac{P'}{r'} = \frac{P''}{r''},$$

c'est-à-dire que la charge doit être répartie en raison directe des rayons des roues; mais nous verrons que l'industrie des transports, qui dans la pratique se conforme à peu près à cette règle, a intérêt à augmenter encore la charge des grandes roues au delà de la proportion qu'elle indique.

Si nous admettons cette proportion et que nous nous rappelions que $P'+P''=P$, on trouvera que

$$F_1 = (A+fr_1)\cdot\frac{2P}{r'+r''} + A\left(\frac{p'}{r'}+\frac{p''}{r''}\right),$$

attendu que l'on a à peu près

$$\frac{P'}{r'} = \frac{P''}{r''} = \frac{P}{r'+r''}.$$

Si maintenant nous cherchons la valeur du rapport du tirage à la charge, nous trouverons

$$\frac{F_1}{P_1} = \frac{(A+fr_1)}{r'+r''}\cdot\frac{2P}{P_1} + \frac{A\left(\frac{p'}{r'}+\frac{p'}{r''}\right)}{P_1}.$$

Dans les applications aux voitures pesamment chargées, qu'il est le plus important de considérer, le poids des roues n'est qu'une fraction assez petite de la charge et du poids propre du corps de la voiture et peut être négligé vis-à-vis de la charge totale, ce qui réduit ce rapport à

$$\frac{F_1}{P_1} = \frac{2(A+fr_1)}{r'+r''} \quad \text{pour les voitures à quatre roues,}$$

expression qui se réduit à

$$\frac{F_1}{P_1} = \frac{A+fr_1}{r} \quad \text{pour les voitures à deux roues.}$$

Ces expressions nous serviront plus tard à déterminer à l'aide de l'expérience le rapport du tirage à la charge pour les cas les plus usuels.

203. *Influence de la pression.* — Pour reconnaître l'influence de la pression sur la résistance au roulement on a fait marcher les mêmes voitures à différentes charges sur la même route au même état. Nous rapporterons les résultats de quelques unes de ces expériences faites au pas.

Expériences sur l'influence de la pression sur le tirage des voitures.

Voitures employées.	Route parcourue.	Pression.	Tirage.	Rapport du tirage à la charge.
		kil.	kil.	
Chariot porte corps d'artillerie	Route de Courbevoie à Colombes, sèche, en bon état, avec poussière . . .	6992	180.71	$\frac{1}{58.6}$
		6140	159.9	$\frac{1}{39.2}$
		4580	113.7	$\frac{1}{40.2}$
Chariot de roulage non suspendu. . .	Route de Courbevoie à Bezons, solide, en gravier dur, très sèche	7126	138.9	$\frac{1}{51.3}$
		5458	111.5	$\frac{1}{48.9}$
		4450	93.2	$\frac{1}{47.7}$
		3430	68.4	$\frac{1}{50.2}$
Chariot de roulage suspendu	Route de Colombes à Courbevoie, pavé en état ordin., avec boue humide.	1600	39.3	$\frac{1}{40.8}$
		3292	89.2	$\frac{1}{36.9}$
		4996	136.0	$\frac{1}{36.8}$
Voitures à six roues égales	Route de Courbevoie à Colombes, ornières profondes, détritus humide.	5000	138.9	$\frac{1}{21.6}$
		4692	224.0	$\frac{1}{21.0}$
Deux voitures à six roues égales accrochées l'une derrière l'autre		6000	285.8	$\frac{1}{21.0}$
		6000	286.7	$\frac{1}{21}$

Il résulte de l'examen de ce tableau que sur les routes en empierrement solides et sur le pavé *la résistance au tirage des voitures est sensiblement proportionnelle à la pression.*

On remarquera que les expériences faites sur une et sur deux voitures à six roues ont donné le même tirage pour une charge de 6 000 kilogrammes, véhicule compris, quand elle était portée sur une seule voiture ou sur deux. Il suit de là que le tirage est, toutes choses égales d'ailleurs et entre certaines limites, indépendant du nombre de roues.

204. *Influence du diamètre des roues.* — Pour étudier l'influence du diamètre des roues sur le tirage, on a fait parcourir les mêmes parties de routes, au même état, à des voitures pesant le même poids, ayant des largeurs de bandes égales et dont les diamètres seuls différaient entre des limites très étendues. On rapporte dans le tableau suivant quelques uns des résultats obtenus.

Expériences sur l'influence du diamètre des roues sur la résistance au tirage des voitures.

Voitures employées.	Routes parcourues.	Diamètre des roues de devant $2r'$	de derrière $2r''$	Pression totale, $P+p'+p''$	Tirage F_t	Rapport du tirage à la pression.	Frottement des boîtes sur les essieux.	Résistance au roulement R.	Valeur de A.
		m.	m.	kil.	kil.		kil.	kil.	
Chariot porte - corps d'artillerie.	Routes de Courbevoie à Colombes, empierrement solide, avec poussière. .	2.029	2.029	4928	81.6	$\frac{1}{60}$	9.6	72.0	0.0148
		1.455	1.455	4950	108.6	$\frac{1}{45.5}$	14.4	94.2	0.0159
		0.872	0.872	4924	179.0	$\frac{1}{27.4}$	25.5	153.7	0.0137
Porte-corps d'artillerie.	Pavé en grès de Fontainebleau.	2.029	2.029	4692	51.45	$\frac{1}{90.45}$	9.0	42.45	0.0092
		1.455	1.455	4794	71.45	$\frac{1}{64.3}$	13.2	58.25	0.0092
Chariot comtois. . . .		1.110	1.558	1871	52.10	$\frac{1}{58.4}$	4.7	27.40	0.0089
Voiture à 6 roues . . .		0.860	0.860	3270	81.05	$\frac{1}{40.4}$	9.7	71.35	0.0094
La même avec 4 roues.		0.860	0.860	3270	78.80	$\frac{1}{41.5}$	9.7	69.10	0.0091
Camion		0.592	0.660	1500	52.30	$\frac{1}{28.8}$	8.8	43.50	0.0091
Camion		0.420	0.597	1600	68.20	$\frac{1}{22.4}$	11.6	56.60	0.0089

Ces exemples montrent que sur les routes solides on peut admettre comme loi pratique que *le tirage est en raison inverse des diamètres des roues.*

M. le colonel Piobert, qui s'est occupé de recherches théoriques et expérimentales sur la résistance au roulement, en a conclu que cette résistance varie en raison inverse d'une puissance du diamètre comprise entre $\frac{2}{3}$. et l'unité, et qui se rapproche d'autant plus de cette dernière limite que le sol est plus dur ; et que sur le pavé cette résistance varie en raison inverse du rayon de la roue, augmenté de la saillie du pavé.

Si l'on cherche à appliquer cette loi aux expériences faites sur les routes en empierrement solide, sèches ou humides, en admettant, par exemple, que la puissance du rayon à employer soit $\frac{4}{5}$, on trouve les résultats insérés dans la dernière colonne du tableau précédent. Leur examen montre que la loi de Coulomb représente les résultats de l'expérience faite sur la route de Courbevoie à Colombes, sur des chariots porte-corps d'artillerie, avec une exactitude de $\frac{1}{12.5}$; tandis qu'en faisant varier la résistance en raison inverse de la puissance $\frac{4}{5}$ du rayon, on obtient une approximation de $\frac{1}{15}$.

Or dans de semblables recherches l'on ne peut guère se flatter d'obtenir des résultats directs d'expérience qui ne diffèrent pas entre eux de plus de $\frac{1}{12}$ à $\frac{1}{15}$, ce qui correspond à la différence des deux lois. Il suit de là que pour la pratique on peut, lorsqu'il s'agira de routes solides, adopter la loi simple de Coulomb sans crainte de commettre d'erreur grave.

205. *Influence de la largeur des jantes.* — Cette influence a été étudiée d'abord avec un appareil composé d'un arbre en fonte sur lequel on plaçait des disques en fonte tournés à leur contour et formant à la fois la charge et les roues, dont la largeur était ainsi proportionnelle à leur nombre ; plus tard on a employé sur les routes ordinaires des voitures dont les roues avaient même diamètre et des largeurs inégales. Quelques uns des résultats des expériences sont consignés dans le tableau suivant.

Expériences sur l'influence de la largeur des jantes sur la résistance au roulement.

Voitures employées.	Sol parcouru.	Diamètre des roues de devant 2^r	Diamètre des roues de derrière $2^{r'}$	Largeur des bandes.	Pression totale.	Résistance au roulement.	Valeur de A.
		m.	m.	m.	kil.	kil.	
Appareil avec arbre en fonte.	Sol du polygone de Metz.	0.787		0.045	1042.0	160.2	0.0604
				0.090	1355.0	209.2	0.0616
				0.135	1447.0	179.6	0.0488
	Hangar de manœuvre de l'École de Metz, sable de 0ᵐ.12 à 0ᵐ.15 d'épaisseur.	0.787		0.045	1045.6	252.2	0.0951
				0.090	1355.0	237.3	0.0788
				0.135	1441.1	270.7	0.0739
				0.185	1380.0	221.3	0.0632
				0.225	1664.5	359.3	0.0612
Porte-corps d'artillerie.	Route de Courbevoie à Colombes, humide.	1.438	1.438	0.175	3464	75.5	0.0154
		1.449	1.449	0.060	3608	75.4	0.0151
Porte-corps d'artillerie.	Pavé en grès de Fontainebleau.	1.438	1.438	0.175	5510	85.0	0.0111
		1.453	1.153	0.115	5518	72.6	0.0095
		1.453	1.453	0.115	4594	58.2	0.0092
Voiture à 6 roues.		0.860	0.860	0.060	3270	71.6	0.0094

Ces exemples montrent 1° *que sur les sols mous la résistance augmente à mesure que la largeur de la jante diminue; il convient donc à l'agriculture, pour la conservation de ses attelages, d'employer des jantes d'une certaine largeur, de $0^m.10$ environ, et non pas des jantes très étroites. 2° Sur les routes solides en empierrement et en pavé, la résistance est à très peu près indépendante de la largeur de la jante.*

XIXᵉ LEÇON.

206. *Influence de la vitesse.* — Pour reconnaître l'influence de la vitesse sur le tirage des voitures on a fait marcher sur différentes routes à divers états les mêmes voitures, en ne variant dans chaque série d'expériences que la vitesse, qui a été successivement celle du pas, du pas allongé, du trot, du grand trot.

Quelques uns des résultats des expériences sont rapportés dans le tableau suivant.

Expériences sur l'influence de la vitesse sur la résistance du tirage des voitures.

Voiture employée.	Sol parcouru.	Charge.	Allure.	Vitesse.	Tirage.	Rapport du tirage à la charge.
		k.		m.	k.	
Appareil avec ar-bre en fonte.	Sol du polygone de Metz,	1042	pas	1.40	165.0	$\frac{1}{6.35}$
			trot.	2.80	168.0	$\frac{1}{6\,6}$
	humide et mou.	1355	pas	1.28	215.0	$\frac{1}{6.2}$
			trot.	3.58	197.0	$\frac{1}{6.8}$
Affût de 16 avec sa pièce.	Route de Metz à Montigny, em-pierrement très uni et très sec.	5750	pas	1.26	92	$\frac{1}{40.8}$
			pas allongé.	1.52	92	$\frac{1}{40.8}$
			trot.	2.45	102	$\frac{1}{36.7}$
			grand trot.	3.78	121	$\frac{1}{31.}$
Chariot des mes-sageries suspendu sur six ressorts.	Pavé en grès de Fontainebleau.	3288	pas	1.24	144	$\frac{1}{22.8}$
		5353	pas allongé.	1.70	155	$\frac{1}{22.0}$
			trot.	2.36	161	$\frac{1}{20.8}$
			trot allongé.	3.60	183.5	$\frac{1}{18.4}$

On voit par ces exemples que *le tirage n'augmente
pas sensiblement avec la vitesse sur les terrains mous,
mais que sur les routes solides et inégales il augmente
d'autant plus que le sol présente plus d'inégalités, et que
la voiture est plus dure et le mouvement plus rapide.*

297. *Expression approximative de l'accroissement de
la résistance avec la vitesse.* — Pour chercher la relation
qui lie la résistance à la vitesse sur les terrains durs et
raboteux, nous avons pris pour abscisses les vitesses et
pour ordonnées les valeurs du nombre A fournies par
l'expérience, et cette représentation graphique des résultats nous a montré que tous les points ainsi déterminés étaient pour chaque série d'expériences situés à très
peu près sur une même ligne droite. Ainsi les séries
d'expériences relatives à un affût de siége chargé de sa
pièce, voiture très rigide, mue à différentes vitesses sur
une route en empierrement très bonne et sur le pavé de
la ville de Metz, sont représentées pl. IV, fig. 4 et 5, et
l'on voit que les valeurs des ordonnées ou du nombre A
croissent avec les abscisses ou la vitesse suivant une loi,
qui, dans les limites des expériences, peut être exprimée
par une ligne droite coupant l'axe des ordonnées à une
certaine hauteur, ce qui indique que pour une vitesse
nulle la résistance a encore une certaine valeur ou qu'en
général elle se compose d'une partie indépendante de la vitesse et d'une partie proportionnelle à cette vitesse. Cette
résistance ou plutôt la valeur du nombre A peut donc être
en général représentée par une expression de la forme

$$A = a + d(V - 1).$$

dans laquelle

a est un nombre constant pour chaque sol à un état déterminé et qui exprime la valeur du nombre A pour la vitesse $V=1^m.00$, qui est celle du pas assez lent ;

d un facteur constant pour chaque nature de terrain et chaque espèce de voitures.

Dans le cas particulier des deux séries d'expériences citées plus haut, on a pour l'affût de siége avec sa pièce :

Sur la route de Montigny, en très bon empierrement. . . . . . . $A=0.0100+0.0020(V-1).$

Sur le pavé de Metz, en grès de Sierck. . . $A=0.0066+0.0057(V-1).$

Ces exemples suffisent pour faire voir :

1° Qu'au pas la résistance sur un bon pavé est moindre que sur une très bonne route en empierrement très sèche ;

2° Qu'aux allures vives la résistance sur le pavé croît rapidement avec la vitesse V.

Ainsi au pas, sur le pavé de Metz, et avec des roues de $1^m.00$ de rayon, la résistance serait de $6^k.6$ pour 1 000 kilogrammes de charge totale, véhicule compris, tandis qu'à la vitesse du grand trot $V=4^m$, elle serait de

$$6^k.6+5^k.7\times3^m=23^{kil}.7,$$

c'est-à-dire presque quadruple.

Sur le pavé de Fontainebleau, à joints larges, à bords arrondis, qui offre tant d'inégalités et dont les éléments peuvent se déplacer sous l'action de la charge, la résistance au pas est plus grande que sur le pavé de Metz, et l'accroissement de cette résistance avec la vitesse est encore plus rapide. La figure 6, qui représente les résultats d'expérience obtenus avec un chariot des messageries générales dont les ressorts avaient été calés pour le transformer en une voiture non suspendue, montre que l'inclinaison de la ligne droite ou l'accroissement de la vitesse est beaucoup plus considérable que sur le pavé de Metz, et l'on en déduit pour représenter les valeurs du nombre A la formule

$$A = 0.0092 + 0.0089\ (V - 1),$$

qui montre que pour des roues de $1^m.00$ de rayon la résistance, au pas de $1^m.00$ de vitesse, serait de $9^{kil}.2$ par 1 000 kilogrammes de charge, c'est-à-dire de près de moitié en sus de celle qu'offre le pavé de Metz, et qu'au grand trot, à la vitesse de $4^m.00$ en $1''$, elle serait égale à

$$9^{kil}.2 + 8.9 \times 3 = 35^{kil}.9,$$

tandis que sur le pavé de Metz elle ne serait que de $23^{kil}.7$.

Quant aux voitures suspendues, l'expérience montre que la résistance croît aussi, mais beaucoup plus lentement, avec la vitesse, sur les routes dont la surface est raboteuse. Ainsi sur le pavé de Paris (fig. 7) le même chariot des messageries générales dont les ressorts avaient leur liberté d'action n'a plus donné, pour la valeur du nombre A, que l'expression

$$A = 0.0098 + 0.0025\ (V - 1),$$

de sorte qu'au trot à la vitesse de $4^m.00$ et avec des roues de $1^m.00$ de rayon, la résistance pour une charge de 1 000 kilogrammes ne serait que de

$$9^k.8 + 2^k.5 \times 3^m = 17^{kil}.30,$$

c'est-à-dire la moitié de celle qu'aurait éprouvée le même chariot non suspendu sur le même pavé, à la même vitesse.

208. *Conséquences pratiques de ces expériences*. — Ces expériences ont montré d'une part le grand avantage qu'offrent sous le rapport de la traction et de l'économie de la puissance motrice les voitures bien suspendues sur celles qui ne le sont pas, et de l'autre la supériorité du pavé dont les joints sont étroits et serrés, et la surface unie, sur le pavé à joints larges et à surface inégale généralement employé à Paris. Ces résultats, obtenus en 1837 et publiés en 1838, ont appelé l'attention des ingénieurs, et l'on peut croire qu'ils ont provoqué les essais, que l'on fait actuellement avec succès, de l'emploi de pavés taillés et de formes régulières, et dont le public apprécie facilement les avantages.

209. *Comparaison des routes pavées et des routes en empierrement*. — Les mêmes expériences nous montrent que, si pour le roulage au pas les routes pavées offrent un avantage sur les routes en empierrement, il n'en est pas de même sur les bonnes routes en empierrement sèches et en parfait état; mais que, quand ces routes sont mouillées, le pavé reprend son avantage. On trouve en effet pour ce dernier cas que sur la route de Metz à Nancy, mouillée, avec un peu de boue et des cailloux à fleur du sol, la valeur du nombre A, qui représente la résistance par 1 000 kilogrammes de charge avec des roues de $1^m.00$ de rayon pour les diligences des messageries générales bien suspendues, est donnée par la formule

$$A = 0.014 + 0.0\,022\,(V-1).$$

En la comparant à celle que l'on a obtenue pour le pavé de Paris, on trouve que le tirage par 1 000 kilogrammes avec des roues de $1^m.00$ de rayon serait :

	m.	m.	m.	m.
Aux vitesses de . . .	1.00	2.50	3.00	4.00 en 1″.
Sur la route en empierrement mouillée de Nanci.	$14^k.00$	$17^k.30$	$18^k.40$	$20^k.60$
Sur le pavé de Paris.	9.80	13.55	14.80	17.30

L'excès de tirage offert par les routes en empierrement mouillées provient principalement de leur compressibilité, et il croît naturellement à mesure que les matériaux sont plus tendres, la route plus humide et moins bien entretenue.

Cette dernière circonstance exerce sur la résistance à la traction une influence énorme dont les conséquences, nuisibles à l'industrie des transports, n'attirent pas assez l'attention. Des expériences exécutées en septembre et octobre 1841 avec le même chariot, parcourant successivement diverses parties d'une même route, ont montré que, les matériaux et la saison étant les mêmes, le tirage de cette voiture sur les parties bien entretenues était $\frac{1}{35}$ à $\frac{1}{36}$ de la charge, tandis que sur des parties mal entretenues il s'élevait à $\frac{1}{25}$ et $\frac{1}{21}$.

210. *Influence de l'inclinaison des traits.* — Pour

étudier ces influences on s'est servi d'un affût de siége à
roues égales dont on a successivement incliné le timon à

$$1°35', \ 3°35', \ 6°30', \ 8°30', \ 11°0' \ \text{et} \ 13°30', \ |$$

et l'on a fait marcher cette voiture sur un sol couvert
de gazon encore humide, en conservant d'ailleurs le
même poids et la même vitesse dans tous les cas.

L'effort de traction F, mesuré par le dynamomètre et
exercé dans le sens des traits, se décomposait évidemment en deux forces, l'une, F_1' horizontale et parallèle
au sol, qui produisait le mouvement et surmontait toutes
les résistances; l'autre verticale, F'', qui diminuait la
pression de l'avant-train sur le sol.

Il en résultait qu'en conservant les notations du n°
202 la pression sur le sol peut être exprimée par

$$0.96 \, [P' + P''] + 0.4F',$$

de sorte qu'en nommant

f le rapport du frottement à la pression,

r_1 le rayon moyen des boîtes,

r celui des roues;

L le chemin total parcouru,

L'équation du mouvement de cette voiture sur un sol
horizontal était approximativement

$$F'L = (R' + R'')L + 0.96\frac{fr_1}{r}L(P' + P'' - F'') + 0.4\frac{fr_1}{r}F' \ (1).$$

On avait d'ailleurs

$$r_1 = 0^m.038 \quad r = 0^m.782 \quad f = 0.065.$$

Or, avant d'aller plus loin, nous ferons remarquer qu'attendu la petitesse du terme

$$\frac{0.4\,fr_1}{r} = 0.00252,$$

on peut évidemment négliger la valeur de cette expression et réduire celle de $R'+R''$ à

$$R'+R''=F'-\frac{0.96fr_1}{r}(P'+P''-F'')=F'-0.0299\,(P'+P''-F''),$$

et d'un autre côté nous savons que

$$R'+R''=A\frac{P_1'+P_1'-F''}{r};$$

on a donc pour comparer les résultats de la formule ci-dessus à l'expérience la relation

$$A=\frac{F'-0.00\,299\,(P'+P''-F'')}{\dfrac{P_1-F''}{r}}.$$

Or cette comparaison a donné les résultats suivants, qui sont des moyennes de plusieurs expériences répétées pour chaque cas :

Inclinaison du tirage	1°33'	3°33'	6°30'	8°30'	11°0'	15°31'
Valeur du nombre A	0.0349	0.0349	0.0359	0.0349	0.0349	0.0310

L'accord de toutes ces valeurs montre que les effets mécaniques se passent exactement comme l'indique la formule, où l'on a tenu compte de la décomposition des efforts ; par conséquent, pour reconnaître quelle est l'inclinaison qui correspond au maximum d'effet, on trouve, par les méthodes de calcul connues, qu'en nommant h la hauteur du point d'attache antérieur des traits au dessus du point d'attache postérieur,

b la projection horizontale de ces deux points,

Le rapport de ces quantités correspondant au maximum d'effet de la puissance motrice doit être

$$\frac{b}{h}=\frac{A+0.96fr_1}{r-0.4fr_1}.$$

Cette expression montre que pour une voiture donnée l'inclinaison des traits, ou la valeur de $\frac{h}{b}$, doit être d'autant plus grande que la valeur de A ou de la résistance du sol l'est elle-même davantage, et sous ce rapport le sol choisi pour les expériences était donc très convenable; de plus, pour un sol donné, cette même inclinaison augmente à mesure que le rayon diminue.

En appliquant la relation ci-dessus à l'affût de siége et au sol mis en expérience, pour lequel on avait

$$r = 0^m.782, \quad f = 0.065, \quad r_{,} = 0^m.038, \quad A = 0.0\,349,$$

on trouve

$$\frac{h}{b} = 0.0\,478 = \frac{1}{20.9}$$

Si l'on avait avec les mêmes données $r = 0^m.25$, comme pour des camions, on trouverait

$$\frac{h}{b} = 0.148 = \frac{1}{6.75},$$

quantité beaucoup plus petite que celle qui est en usage.

Sur des routes en empierrement, pour lesquelles $A = 0.015$ à l'état ordinaire d'humidité et d'entretien, on trouverait pour les voitures d'artillerie

$$\frac{h}{b} = 0.022 = \frac{1}{45.5},$$

ce qui est à peu près l'inclinaison adoptée pour l'artillerie de siége destinée à voyager sur les grandes routes.

Il ne nous paraît pas nécessaire de pousser plus loin cette discussion, à laquelle les constructeurs attachent en général plus d'importance qu'elle ne mérite, et nous nous bornerons à dire qu'entre les limites où elle est néces-

<table>
<tr>
<th rowspan="2">Désignation de la route parcourue par la voiture.</th>
<th rowspan="2">Affûts
et charrettes
d'artillerie :
*$l=0^m.10$ à 0.12
$r_i=0^m.058$
$r'=r''1^m.782$
$r'+r''=1^m.561$
$fr_i=0.00247$</th>
<th rowspan="2">Chariots
d'artillerie :
$l=0^m.70$ à 0.75
$r_i=0^m.058$
$r'=0^m.575$
$r''=0^m.780$
$r'+r''=1^m.355$
$fr_i=0.00247$</th>
<th rowspan="2">Chariots comtois
$l=0^m.06$ à 0.07
$r_i=0^m.027$
$r'=0^m.625$
$r''=0^m.725$
$r'+r''=1^m.55$
$fr_i=0.00175$</th>
<th colspan="2">Charrettes de roulage :
$l=0^m.10$ à $0^m.12$
$r_i=0^m.032$</th>
<th colspan="2">Charrettes :
$l=0^m.10$ à $0^m.12$
$r_i=0^m.032$</th>
<th rowspan="2">Diligences
des Messageries
Royales
et Générales :
$l=0^m.10$ à 0.12
$r_i=0^m.12$
$r'+r''=1^m.15$
$fr_i=0.00243$</th>
<th rowspan="2">Voiture
à
bancs suspendus
$l=0^m.07$ à 0.08
$r_i=0^m.027$
$r'=0^m.45$
$r''=0^m.70$
$r'+r''=1^m.15$
$fr_i=0.00193$</th>
</tr>
<tr>
<th>$r'=0^m.450$
$r''=0^m.750$
$r'+r''=1^m.20$
$fr_i=0.00208$</th>
<th>$r'=0^m.55$
$r''=0^m.85$
$r'+r''=1^m.40$
$fr_i=0.00208$</th>
<th>$r'=0^m.80$
$fr_i=0.00208$</th>
<th>$r'=1^m.00$
$fr_i=0.00208$</th>
</tr>

<tr><td rowspan="9">Route en empierrement</td><td rowspan="3">$\frac{1}{24.1}$</td><td rowspan="3">$\frac{1}{20.8}$</td><td rowspan="3">$\frac{1}{21.3}$</td><td rowspan="3">$\frac{1}{18.7}$</td><td rowspan="3">$\frac{1}{21.8}$</td><td rowspan="3">$\frac{1}{24.5}$</td><td rowspan="3">$\frac{1}{31.1}$</td><td>pas $\frac{1}{17.9}$</td><td>pas $\frac{1}{18.1}$</td></tr>
<tr><td>trot $\frac{1}{15.8}$</td><td>trot $\frac{1}{15.9}$</td></tr>
<tr><td>grand trot $\frac{1}{14.9}$</td><td>grand trot $\frac{1}{15.0}$</td></tr>

<tr><td rowspan="3">$\frac{1}{18.1}$</td><td rowspan="3">$\frac{1}{15.9}$</td><td rowspan="3">$\frac{1}{16.2}$</td><td rowspan="3">$\frac{1}{14.3}$</td><td rowspan="3">$\frac{1}{16.7}$</td><td rowspan="3">$\frac{1}{19.0}$</td><td rowspan="3">$\frac{1}{25.8}$</td><td>pas $\frac{1}{15.7}$</td><td>pas $\frac{1}{13.8}$</td></tr>
<tr><td>trot $\frac{1}{12.4}$</td><td>trot $\frac{1}{12.5}$</td></tr>
<tr><td>grand trot $\frac{1}{11.8}$</td><td>grand trot $\frac{1}{11.9}$</td></tr>

<tr><td rowspan="2">$\frac{1}{16.5}$</td><td rowspan="2">$\frac{1}{14.5}$</td><td rowspan="2">$\frac{1}{14.7}$</td><td rowspan="2">$\frac{1}{12.7}$</td><td rowspan="2">$\frac{1}{14.9}$</td><td rowspan="2">$\frac{1}{17.0}$</td><td rowspan="2">$\frac{1}{21.2}$</td><td>pas $\frac{1}{13.2}$</td><td>pas $\frac{1}{12.3}$</td></tr>
<tr><td>trot $\frac{1}{10.5}$</td><td>trot $\frac{1}{9.9}$</td></tr>

<tr><td>Pavé en grès de Sierck serré.</td><td rowspan="3">$\frac{1}{80.9}$</td><td rowspan="3">$\frac{1}{70.0}$</td><td rowspan="3">$\frac{1}{75.5}$</td><td rowspan="3">$\frac{1}{61.7}$</td><td rowspan="3">$\frac{1}{75.5}$</td><td rowspan="3">$\frac{1}{80.3}$</td><td rowspan="3">$\frac{1}{107.9}$</td><td>pas $\frac{1}{62.0}$</td><td>pas $\frac{1}{64.2}$</td></tr>
<tr><td>trot $\frac{1}{42.0}$</td><td>trot $\frac{1}{43.0}$</td></tr>
<tr><td>grand trot $\frac{1}{36.2}$</td><td>grand trot $\frac{1}{37.0}$</td></tr>

<tr><td rowspan="9">Pavé en grès de Fontainebleau
ordinaire sec.</td><td rowspan="3">$\frac{1}{75.7}$</td><td rowspan="3">$\frac{1}{64.0}$</td><td rowspan="3">$\frac{1}{69.2}$</td><td rowspan="3">$\frac{1}{59.6}$</td><td rowspan="3">$\frac{1}{69.5}$</td><td rowspan="3">$\frac{1}{79.9}$</td><td rowspan="3">$\frac{1}{99.9}$</td><td>pas $\frac{1}{57.1}$</td><td>pas $\frac{1}{59}$</td></tr>
<tr><td>trot $\frac{1}{38.1}$</td><td>trot $\frac{1}{39.0}$</td></tr>
<tr><td>grand trot $\frac{1}{32.7}$</td><td>grand trot $\frac{1}{33.3}$</td></tr>

<tr><td rowspan="3">$\frac{1}{74.7}$</td><td rowspan="3">»</td><td rowspan="3">»</td><td rowspan="3">»</td><td rowspan="3">»</td><td rowspan="3">»</td><td rowspan="3">»</td><td>pas $\frac{1}{57.1}$ (idem)</td><td>pas $\frac{1}{59}$</td></tr>
<tr><td>trot $\frac{1}{36.9}$</td><td>trot $\frac{1}{41.8}$</td></tr>
<tr><td>grand trot $\frac{1}{35.8}$</td><td>grand trot $\frac{1}{36.5}$</td></tr>

<tr><td rowspan="3">$\frac{1}{58.1}$</td><td rowspan="3">$\frac{1}{50.3}$</td><td rowspan="3">$\frac{1}{52.9}$</td><td rowspan="3">$\frac{1}{46.0}$</td><td rowspan="3">$\frac{1}{53.5}$</td><td rowspan="3">$\frac{1}{74.4}$</td><td rowspan="3">$\frac{1}{76.5}$</td><td>pas $\frac{1}{44.0}$ (en état ordinaire, mouillé et couvert de boue)</td><td>pas $\frac{1}{45.1}$</td></tr>
<tr><td>trot $\frac{1}{32.9}$</td><td>trot $\frac{1}{33.5}$</td></tr>
<tr><td>grand trot $\frac{1}{29.2}$</td><td>grand trot $\frac{1}{29.8}$</td></tr>

<tr><td>Tablier du pont en madriers.</td><td>$\frac{1}{51.1}$</td><td>$\frac{1}{46.8}$</td><td>$\frac{1}{49.1}$</td><td>$\frac{1}{42.8}$</td><td>$\frac{1}{49.8}$</td><td>$\frac{1}{69}$</td><td>$\frac{1}{71}$</td><td>pas et trot $\frac{1}{40.8}$</td><td>pas et trot $\frac{1}{41.8}$</td></tr>
</table>

* l indique la largeur des bandes. — Les autres annotations sont données page 296.

RAPPORT DU TIRAGE A LA CHARGE DES VOITURES POUR LES DIFFÉRENTS TERRAINS ET VÉHICULES.

Désignation de la route parcourue par la voiture.	Affûts et charrettes d'artillerie : $l=0^m.10$ à 0.12, $r_1=0^m.058$, $r'=r''=0^m.782$, $r'+r''=1^m.564$, $fr_1=0.00247$	Chariots d'artillerie : $l=0^m.70$ à 0.75, $r_1=0^m.058$, $r'=0^m.575$, $r''=0^m.780$, $r'+r''=1^m.355$, $fr_1=0.00247$	Chariots comtois : $l=0^m.06$ à 0.07, $r_1=0^m.027$, $r'=0^m.625$, $r''=0^m.725$, $r'+r''=1^m.35$, $fr_1=0.00175$	Charrettes de roulage : $l=0^m.10$ à $0^m.12$, $r_1=0^m.032\frac{1}{2}$ — $r'=0^m.450$, $r''=0^m.750$, $r'+r''=1^m.20$, $fr_1=0.00208$	Charrettes de roulage — $r'=0^m.55$, $r''=0^m.85$, $r'+r''=1^m.40$, $fr_1=0.00208$	Charrettes : $l=0^m.10$ à 0.12, $r_1=0^m.032$ — $r'=0^m.80$, $fr_1=0.00208$	Charrettes — $r'=1^m.00$, $fr_1=0.00208$	Diligences des Messageries Royales et générales : $l=0^m.10$ à 0.12, $r_1=0^m.052$, $r'+r''=1^m.15$, $fr_1=0.00208$	Voiture à bancs suspendus : $l=0^m.07$ à 0.08, $r_1=0^m.027$, $r'=0^m.45$, $r''=0^m.70$, $r'+r''=1^m.15$, $fr_1=0.00175$
Accotement en terre, en très bon état, à peu près sec	$\frac{1}{35.8}$	$\frac{1}{50.1}$	$\frac{1}{51.0}$	$\frac{1}{27.2}$	$\frac{1}{51.7}$	$\frac{1}{36.3}$	$\frac{1}{45.4}$	pas et trot $\frac{1}{26.1}$	pas et trot $\frac{1}{26.4}$
Accotement solide, recouvert d'une couche de gravier de $0^m.03$ à $0^m.04$ d'épaisseur	$\frac{1}{13.6}$	$\frac{1}{11.8}$	$\frac{1}{11.9}$	$\frac{1}{10.5}$	$\frac{1}{12.3}$	$\frac{1}{14.0}$	$\frac{1}{17.5}$	pas et trot $\frac{1}{10.1}$	pas et trot $\frac{1}{10.1}$
Accotement solide, recouvert d'une couche de gravier de $0^m.05$ à $0^m.06$ d'épaisseur	$\frac{1}{11.6}$	$\frac{1}{10.4}$	$\frac{1}{10.1}$	$\frac{1}{8.9}$	$\frac{1}{10.4}$	$\frac{1}{11.9}$	$\frac{1}{14.9}$	pas et trot $\frac{1}{8.6}$	pas et trot $\frac{1}{8.6}$
Sol en terre ferme, recouvert de $0^m.10$ à $0^m.15$ de gravier, ou route neuve.	$\frac{1}{10.8}$	$\frac{1}{9.3}$	$\frac{1}{9.4}$	$\frac{1}{8.3}$	$\frac{1}{9.7}$	$\frac{1}{11.1}$	$\frac{1}{13.9}$	pas et trot $\frac{1}{8.0}$	pas et trot $\frac{1}{8.0}$
Accotement ou route couverte de neige non frayée	$\frac{1}{18.4}$	$\frac{1}{16.0}$	$\frac{1}{16.3}$	$\frac{1}{14.3}$	$\frac{1}{16.7}$	$\frac{1}{19.0}$	$\frac{1}{23.8}$	$\frac{1}{13.7}$	
Sol en terre ferme, recouvert d'une couche de sable fin mêlé de gravier de $0^m.10$ à $0^m.15$ d'épaisseur	$\frac{1}{10.2}$	$\frac{1}{8.4}$	$\frac{1}{8.9}$	$\frac{1}{7.9}$	$\frac{1}{9.2}$	$\frac{1}{10.5}$	$\frac{1}{13.4}$	pas et trot $\frac{1}{7.5}$	pas et trot $\frac{1}{6.9}$
Route en empierrement — en très bon état, très sèche et très unie	pas $\frac{1}{62.7}$ trot $\frac{1}{50.5}$	$\frac{1}{54.3}$	$\frac{1}{57.5}$	$\frac{1}{49.9}$	$\frac{1}{58}$	$\frac{1}{66.2}$	$\frac{1}{82.8}$	pas $\frac{1}{47.6}$ trot $\frac{1}{40.9}$ grand trot $\frac{1}{39.7}$	pas $\frac{1}{49}$ trot $\frac{1}{41.8}$ grand trot $\frac{1}{40.6}$
Route en empierrement — un peu humide ou couverte de poussière, avec quelques cailloux à fleur du sol	$\frac{1}{44.8}$	$\frac{1}{38.7}$	$\frac{1}{40.3}$	$\frac{1}{35.2}$	$\frac{1}{41}$	$\frac{1}{47.0}$	$\frac{1}{58.6}$	pas $\frac{1}{33.7}$ trot $\frac{1}{26.8}$ grand trot $\frac{1}{24.3}$	pas $\frac{1}{34.7}$ trot $\frac{1}{27.2}$ grand trot $\frac{1}{24.6}$
Route en empierrement — très solide, avec gros cailloux à fleur du sol mouillé	$\frac{1}{54.1}$	$\frac{1}{46.8}$	$\frac{1}{49.1}$	$\frac{1}{42.8}$	$\frac{1}{49.8}$	$\frac{1}{56.9}$	$\frac{1}{71.0}$	pas $\frac{1}{40.8}$ trot $\frac{1}{26.5}$ grand trot $\frac{1}{22.8}$	pas $\frac{1}{41.5}$ trot $\frac{1}{27}$ grand trot $\frac{1}{22.8}$
Route en empierrement — solide, avec frayé léger et boue molle	$\frac{1}{35.8}$	$\frac{1}{30.4}$	$\frac{1}{31.0}$	$\frac{1}{27.2}$	$\frac{1}{34.7}$	$\frac{1}{36.2}$	$\frac{1}{45.2}$	pas $\frac{1}{26.4}$ trot $\frac{1}{21.7}$ grand trot $\frac{1}{20.4}$	pas $\frac{1}{26.4}$ trot $\frac{1}{22}$ grand trot $\frac{1}{20.3}$
Route en empierrement — solide, avec ornière et boue	$\frac{1}{29.5}$	$\frac{1}{24.6}$	$\frac{1}{25.2}$	$\frac{1}{22.2}$	$\frac{1}{25.8}$	$\frac{1}{29.5}$	$\frac{1}{36.9}$	pas $\frac{1}{21.0}$ trot $\frac{1}{18.5}$ grand trot $\frac{1}{17.1}$	pas $\frac{1}{21.5}$ trot $\frac{1}{18.5}$ grand trot $\frac{1}{17.5}$

sairement renfermée, l'inclinaison des traits a peu d'influence sur le tirage, et que dans les cas ordinaires elle doit être très faible.

211. *Résumé et application des résultats généraux des expériences.*— Les formules du n° 203, qui donnent le rapport du tirage à la charge, combinées avec les résultats directs des expériences, nous permettent de calculer approximativement les valeurs de ce rapport pour les applications aux proportions les plus ordinaires des voitures, ce qui conduit aux résultats contenus dans le tableau suivant.

(Voir le tableau ci-contre.)

212. *Conclusions générales.* — De l'ensemble de toutes les expériences sur le tirage des voitures on peut conclure les lois pratiques suivantes :

1° La résistance opposée au roulement des voitures par les routes en empierrement solide ou pavées et rapportée à l'axe de l'essieu dans une direction parallèle au terrain est sensiblement proportionnelle à la pression ou au poids total du véhicule, et inversément proportionnelle au diamètre des roues.

2° Sur les chaussées pavées ou en empierrement, la résistance est à très peu près indépendante de la largeur de la bande de roue.

3° Sur les terrains compressibles tels que les terres, les sables, le gravier, etc., la résistance décroît à mesure que la largeur de la bande augmente.

4° Sur les terrains mous, tels que les terres, les sables,

les accotements en terre, etc. , la résistance est indépendante de la vitesse.

5° Sur les routes en empierrement et sur le pavé, la résistance croît avec la vitesse. L'accroissement est d'autant moindre, que la voiture est mieux suspendue et la route plus unie.

6° L'inclinaison du tirage doit se rapprocher de l'horizontale pour toutes les routes et voitures ordinaires autant que la construction le permet.

Nous rappellerons que ces lois simples ne sont pas ce qu'on appelle des lois mathématiques, mais seulement des lois approximatives, qui pour les cas les plus ordinaires de la pratique et pour les dimensions habituelles des voitures représentent les résultats de l'expérience avec une exactitude suffisante pour la pratique, et à très peu près égale à celle que l'on peut espérer d'obtenir de l'expérience elle-même. C'est en ce sens seulement que je les ai proposées et appliquées.

215. *Conséquences relatives à la construction des voitures.* — Il résulte de ce qui précède que l'industrie des transports a intérêt à employer pour les véhicules les roues du plus grand diamètre que comporte la construction et la destination de la voiture. Les charrettes se prêtant plus facilement que les chariots à deux roues à l'usage des grands diamètres, elles offrent sous ce rapport un avantage assez notable. Mais, d'une autre part, sur les routes en mauvais état et cahoteuses, le limonier, ballotté par les brancards, se fatigue, se ruine promptement s'il est ardent, ou ne travaille pas et se laisse traîner par les autres chevaux s'il est paresseux.

Or, en rapprochant l'essieu de derrière de celui de devant et en engageant davantage le premier sous la charge, il en résultera que la proportion de cette charge portée par les roues de derrière sera plus considérable et que par conséquent le tirage sera diminué. On pourrait donc réduire considérablement le tirage des petites roues, qui se trouveraient allégées, et transformer à peu près un chariot en une charrette. Seulement il faut néanmoins laisser à l'avant de la voiture une prépondérance de poids suffisante pour que dans les montées on ne soit pas exposé à voir la caisse se soulever et tourner autour de l'essieu de derrière. Cette observation montre que le pesage des voitures en bloc, et non par train, serait illusoire si l'on prétendait que la charge doit être partagée en parties égales sur chaque roue. Il faut dire que les voituriers ont depuis long-temps reconnu la nécessité de charger le train de derrière dans une proportion beaucoup plus grande que l'avant-train. Mais on voit que pour une distribution donnée et à peu près constante de la charge dans le corps des voitures, telles que les diligences, les omnibus, etc., il y a avantage à engager le plus possible l'essieu de derrière sous la voiture, et cela explique pourquoi, toutes choses égales d'ailleurs, les voitures courtes exigent moins de tirage que les voitures longues (1).

(1) Pour plus de détails on pourra consulter les *Expériences sur le tirage des voitures et sur les effets destructeurs qu'elles exercent sur les routes*. L. Mathias, libraire, 1842.

XXᵉ *LEÇON.*

214. *Des effets destructeurs produits par les voitures sur les routes.* — L'influence destructive que les voitures exercent sur les routes a depuis long-temps appelé l'attention des gouvernements et des ingénieurs ; mais, quelque importance que pût avoir cette question pour les intérêts de l'état et de l'industrie, l'on s'est jusqu'à ces derniers temps fort peu occupé de l'étude approfondie des faits, et l'on s'est contenté de considérations théoriques plus ou moins plausibles, mais fort souvent en contradiction avec la nature. Sans entrer dans une discussion qui sortirait des bornes que nous devons nous imposer ici, nous allons d'abord examiner successivement les conséquences que l'on peut déduire des expériences directes sur le tirage quant à ce qui concerne la conservation ou la destruction des routes, puis nous exposerons ensuite les faits principaux que nous avons observés directementsu.

215. *Influence préservatrice des grands diamètres de roues.* — La résistance qu'une roue éprouve de la part du sol étant évidemment une mesure plus ou moins immédiate des efforts de compression ou de désagrégation qu'elle exerce sur le sol, on voit de suite que, puisque les roues d'un grand diamètre donnent lieu à un tirage moindre que celui des petites, elles doivent aussi produire moins de désagrégation sur les routes. Une observation bien simple confirme cette conclusion.

Si l'on prend des pierres de $0^m.07$ à $0^m.08$ de diamètre moyen et que sur une route un peu humide et tendre on place les unes en avant des petites roues d'une diligence et les autres en avant des grandes roues, on voit les premières, poussées en avant par les petites roues, pénétrer dans le sol en le labourant et le désagrégaent, tandis que les secondes, simplement pressées et appuyées par les grandes roues, n'éprouvent pas de mouvement de déplacement.

Cet effet résulte bien évidemment de ce que, si l'on décompose l'effort exercé par la roue sur la pierre au point de contact en deux autres, l'un vertical, qui tend à enfoncer le corps dans le sol, l'autre horizontal, qui tend à le pousser en avant, le second effort, qui produit la désagrégation de la route, est évidemment plus grand à proportion pour les petites roues que pour les grandes.

De cette simple observation l'on pouvait déjà conclure, comme je l'ai fait dès 1838, que *les effets de dégradation produits par les roues des voitures sont d'autant plus grands que les roues sont plus petites.*

De même l'expérience ayant prouvé que le tirage sur les sols durs augmente très peu quand la largeur de la roue diminue, on pouvait aussi en conclure que les chargements susceptibles de produire des dégradations égales ne devaient pas croître proportionnellement aux largeurs des jantes, comme l'admettaient tous les règlements de police du roulage, et que les chargements accordés suivant ces règlements aux roues les plus larges devaient produire plus de dégradations que ceux des roues étroites.

Enfin, la résistance croissant avec la vitesse, il était naturel de penser que les voitures qui vont au trot font plus de mal aux routes que celles qui vont au pas. Mais la suspension , en diminuant l'intensité des chocs, pouvait compenser les effets de la vitesse dans certaines proportions.

216. *Expériences directes sur les effets destructeurs produits par les voitures sur les routes.* — Quelque rationnelles que ces déductions des expériences sur le tirage des voitures pussent paraître, il était nécessaire de les vérifier par d'autres expériences spéciales, exécutées sur une grande échelle et ayant pour but d'étudier directement les effets destructeurs exercés sur les routes par les voitures, selon leurs diverses proportions et les circonstances de leur marche.

Ces expériences, commencées à Metz en 1837 par ordre du ministre de la guerre, ont été continuées aux environs de Paris en 1839, 1840 et 1841, par ordre du ministre des travaux publics.

Pour démêler les influences partielles de la largeur des jantes, du diamètre des roues, de la vitesse, sur la dégradation des routes, j'ai étudié séparément leurs effets, et pour constater les effets de dégradation, j'ai employé le relèvement direct de la route au moyen de profils transversaux, la mesure du tirage avant, pendant et après les expériences, et dans un grand nombre de cas la mesure de la quantité de matériaux employés à la réparation.

Le mode général d'expérimentation consistait à faire circuler les voitures sur une piste particulière toujours la même et entretenue par l'arrosage à un état à peu près égal d'humidité pour toutes, jusqu'à ce que le même poids total eût été transporté sur chaque piste, et ce poids total s'élevait presque toujours à 5 ou 6 000 000 kilogrammes et souvent au delà.

217. *Expériences sur l'influence de la largeur des jantes.* — Tous les règlements d'administration et les lois proposées pour la police du roulage ayant admis que, pour obtenir de toutes les voitures une égale action sur les routes, il fallait les charger de poids proportionnels à la largeur des jantes, il fallait rechercher si cette base des tarifs était exacte. A cet effet, trois chariots porte-corps d'artillerie ayant tous des roues de $1^m.45$ de diamètre environ aux trains de devant et de derrière, avec des largeurs respectives de bandes de $0^m.060$, $0^m.115$ et $0^m.175$, ont été chargés, proportionnellement à ces largeurs, des poids respectifs suivants :

Voiture n° 1 à jantes de $0^m.060$ 2 408 kilogrammes.
Voiture n° 2   — $0^m.115$ 4 594
Voiture n° 3   — $0^m.175$ 6 992

et conduits sur trois pistes de 300 mètres de longueur chacune. Par l'effet des plantations existant sur les bords de la route, il est arrivé que la piste de la voiture n° 1, à jantes étroites, était généralement plus humide que celle des deux autres, et que par conséquent cette voiture se trouvait dans des circonstances moins favorables.

L'observation a montré que le tirage sur la piste de la voiture n° 3, à larges bandes, s'est accrue avec le nombre des passages beaucoup plus rapidement que sur les deux autres pistes; qu'il a augmenté aussi, mais dans un rapport beaucoup moindre sur la piste de la voiture n° 2, à jantes de $0^m.115$, et qu'enfin sur la piste de la voiture n° 1 il est resté stationnaire et n'a varié qu'en raison de l'état d'humidité de la route.

De plus, l'examen de l'état de la route, le relèvement des profils transversaux et la mesure du tirage, se sont accordés pour faire voir qu'après le transport d'un même poids de matières, la voiture n° 3, à jantes de $0^m.175$, chargée de 6992 kilogrammes, véhicule compris, avait produit beaucoup plus de dégradations que les deux autres voitures; que la voiture n° 2, à jantes de $0^m.115$, chargée de 4594 kilogrammes, en avait produit plus que la voiture n° 1, à jantes de $0^m.06$, chargée de 2408 kilogrammes; et que celle-ci n'avait produit aucune ornière ni frayé apparent.

218. *Conséquences de ces expériences.* — Il semble donc que l'on doit conclure de ces expériences, faites sur des voitures exactement semblables sous tous les rapports, excepté sous celui de la largeur des jantes, et du chargement, qui était proportionnel à cette largeur, que *la proportionnalité des chargements aux largeurs de jantes, admise comme base des tarifs, est plus défavorable qu'utile aux routes.*

219. *Expériences exécutées avec les mêmes voitures sous des charges égales.* — Des expériences analogues ont été faites sur les mêmes voitures, chargées d'un poids égal de 5546 kilogrammes, véhicule compris, et sur trois pistes aussi identiques que possible et toujours entretenues très humides par un arrosage abondant; on les a fait circuler jusqu'à ce qu'elles eussent transporté chacune 8325000 kilogrammes.

Le relèvement des profils , et surtout le résultat des expériences de traction, ont montré qu'à poids égal sur les routes en empierrement de gravier, les roues de $0^m.060$ de large produisent des dégradations notablement plus considérables que celles de $0^m.115$, mais qu'au delà de cette dernière largeur, il y a bien peu d'avantage, dans l'intérêt de la conservation des routes, à augmenter la dimension de la bande de roue.

220. *Expériences sur l'influence du diamètre des roues, sur les dégradations qu'elles produisent sur les routes.* — Des expériences analogues ont été exécutées avec les mêmes voitures, auxquelles on a donné des roues d'une largeur commune de $0^m.115$, mais des diamètres de $0^m.872$, $1^m.453$ et $2^m.029$, et que l'on a chargées d'un même poids égal à 4 930 kilogrammes. Les pistes parcourues par ces voitures avaient 200 mètres de longueur et elles ont été arrosées pendant la dernière partie de la durée des expériences.

L'examen de la route , le relèvement des profils et la mesure de l'intensité du tirage éprouvé par une même voiture sur les trois pistes après le transport de 9 995 720 kilogrammes sur chacune d'elles, ont montré que la piste parcourue par la voiture à petites roues de $0^m.872$ de diamètre était de beaucoup la plus dégradée ; et que celle de la voiture à grandes roues de $2^m.029$ de diamètre était à peu près intacte ; ce qui prouve avec évidence l'avantage considérable que présentent les grandes roues pour la conservation des routes.

221. *Influence de la vitesse sur les effets destruc-*

teurs. — On s'est proposé de comparer les dégradations produites sur les routes par des voitures suspendues allant au trot à celles qu'occasionnent des voitures non suspendues allant au pas. A cet effet on a employé deux chariots exactement pareils, dont l'un était suspendu, et dont l'autre, par le calage de ses ressorts, avait été transformé en chariot non suspendu. Le chargement de ces deux chariots fut fixé d'abord à 6 000 kilogrammes, véhicule compris, puis à 5 000 kilogrammes, lorsque la route fut devenue trop mauvaise.

Le chariot suspendu fut mené au trot de $3^m.20$ à $3^m.60$ en $1''$, ou 11.52 à 12.96 kilomètres à l'heure, et le chariot non suspendu au pas de $1^m.00$ à $1^m.20$ en $1''$, ou de 3.6 à 4.6 kilomètres à l'heure.

L'examen de la route, le relèvement des profils et la mesure du tirage, ont montré que les dégradations comme l'accroissement du tirage sur les deux pistes a-vaient été sensiblement les mêmes après le transport de 4 650 000 kilogrammes environ sur chacune d'elles. Ces résultats ont complétement confirmé les expérien-ces qui avaient été précédemment exécutées à Metz, et prouvent qu'en ne considérant que la conservation des routes, la loi ne doit pas imposer aux voitures suspen-dues allant au trot des limites plus restreintes qu'aux voitures de roulage allant au pas.

222. *Expériences comparatives sur les dégradations produites par les voitures comtoises, les charrettes et les chariots de roulage.* — L'on a admis long-temps que les voitures comtoises attelées d'un seul cheval et à jantes étroites dégradaient davantage les routes que les gros chariots et les charrettes à jantes larges attelés de plusieurs chevaux; et peu s'en est fallu, en 1837, que ces véhicules légers si utiles, et au moyen desquels on utilise si bien la force des chevaux, ne fussent à peu près supprimés. Les résultats des premières expériences sur l'influence de la largeur des jantes suffisaient déjà sans doute pour montrer dans quelle erreur on était ; mais il ne m'en a pas moins paru utile de faire une série d'expériences directes sur des voitures du commerce chargées dans les proportions d'usage.

A cet effet, je me suis procuré quatre chariots à jantes de $0^m.06$ de largeur, ayant des roues de devant de $1^m.11$ et de derrière de $1^m.36$, tandis que les véritables chariots de Franche-Comté ont des roues dont les diamètres sont respectivement de $1^m.30$ et $1^m.45$, et sont dans des conditions plus favorables. Chacune de ces voitures vide pesait 625 kilogrammes, et chargée 1 801 kilogr.

Une charrette à roues de $1^m.83$ de diamètre sur $0^m.165$ de largeur de bande, pesant vide 1 025 kilogrammes et chargée 5 009 kilogrammes, et un chariot à roues de $1^m.01$ et $1^m.73$ de diamètre sur $0^m.165$ de largeur de bande, pesant vide 3 175 kilogrammes et chargé 7 935 kilogrammes, ont été mis avec les voitures comtoises en expérience sur trois pistes de 150 mètres de longueur, prises au même état et constamment arrosées.

Aux moyens d'observation employés dans les précédentes expériences on a joint la mesure des quantités de matériaux nécessaires pour la réparation des dégradations. De tous ces moyens réunis il est résulté pour conséquences

1° Que les voitures comtoises, après le transport d'environ 7 000 000 kilogrammes sur une piste toujours mouillée, avaient produit moins de dégradations que le chariot et la charrette ;

2° Que dans les mêmes circonstances le chariot à quatre roues en avait produit moins que la charrette.

Ces résultats prouvent d'une manière incontestable l'avantage de la division des poids sur des voitures à jantes étroites, et que le transport des lourds fardeaux doit être fait de préférence sur des chariots à quatre roues.

L'ensemble de toutes les conséquences que nous venons de rapporter justifie et développe donc celles que nous avons déduites des seules expériences de traction.

223. *Expériences ayant pour but de déterminer les chargements d'égales dégradations.* — Les recherches dont nous venons de rappeler succinctement les résultats, ayant prouvé que les bases admises jusque alors dans les lois et règlements sur la police du roulage étaient inexactes et incomplètes, il a fallu s'occuper de rechercher quels étaient les nouveaux rapports à établir entre les dimensions des roues, en diamètre et largeur, et les chargements, pour que tous les véhicules employés par l'industrie produisissent à peu près les mêmes dégradations sur les routes, ou, ce qui revient au même, les usassent également.

Ces expériences ont été exécutées à Courbevoie en 1841, et leurs résultats ont servi de bases au projet de loi présenté aux chambres en 1842, et surtout au rapport de la commission de la chambre des députés, qui avait étudié la question avec un soin consciencieux.

Ce n'est pas ici le lieu d'entrer dans l'étude détaillée de ces recherches, qui sont plutôt relatives à une question de législation et d'administration publique, qu'à la mécanique industrielle, et je me bornerai à renvoyer à la publication que j'en ai faite en **1842**, sous le titre d'*Expériences sur le tirage des voitures et sur les effets destructeurs qu'elles exercent sur les routes.*

FIN DE LA PREMIÈRE PARTIE

TABLE DES MATIÈRES.

1ʳᵉ Partie.

Dynamomètre à Styles avec bande de papier.
(Echelle au 2,5.)

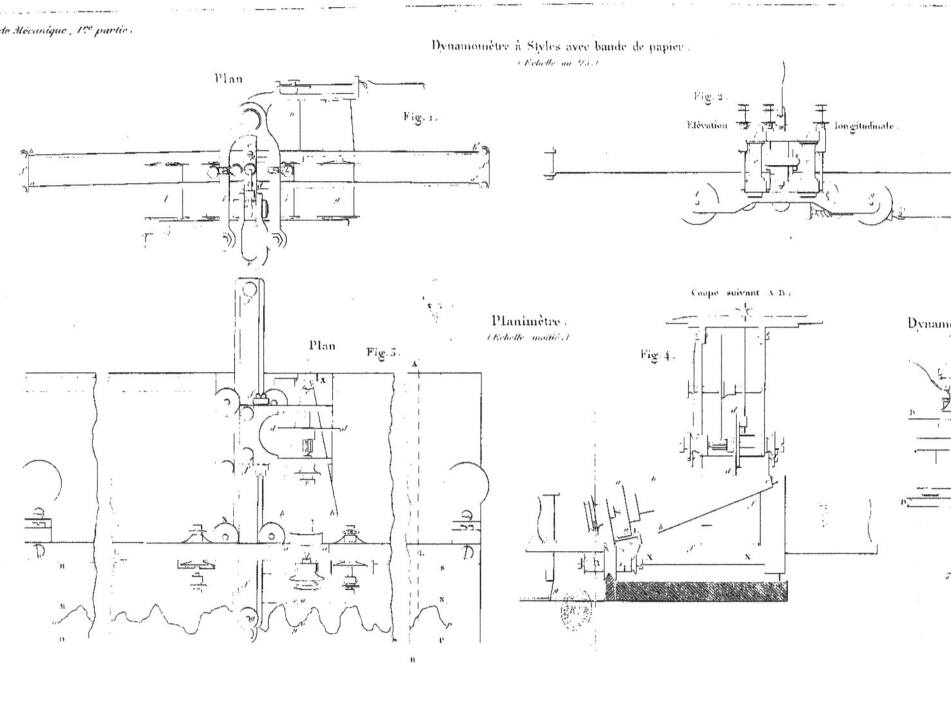

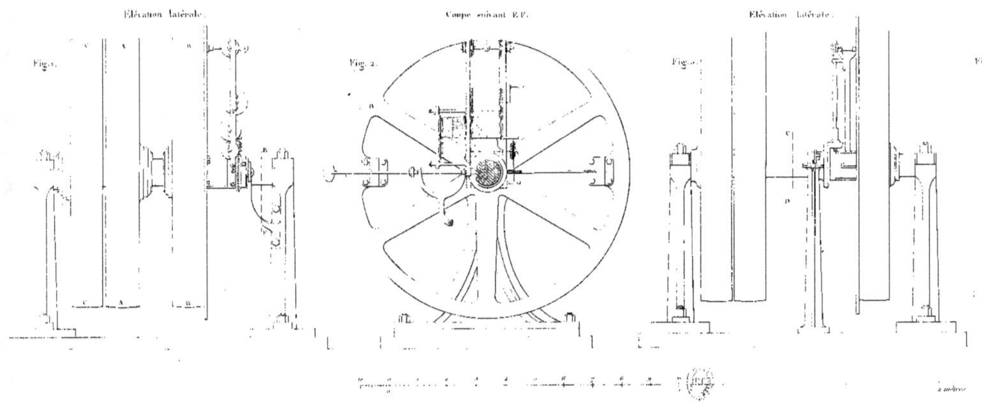

Dynamomètres de rotation.
(Echelle au 1/10.)
à Styles.
à Compteur.
Elévation latérale.
Coupe suivant E.F.
Elévation latérale.
Fig. 1.
Fig. 2.
Fig. 3.
Fig. 4.
1 mètre.

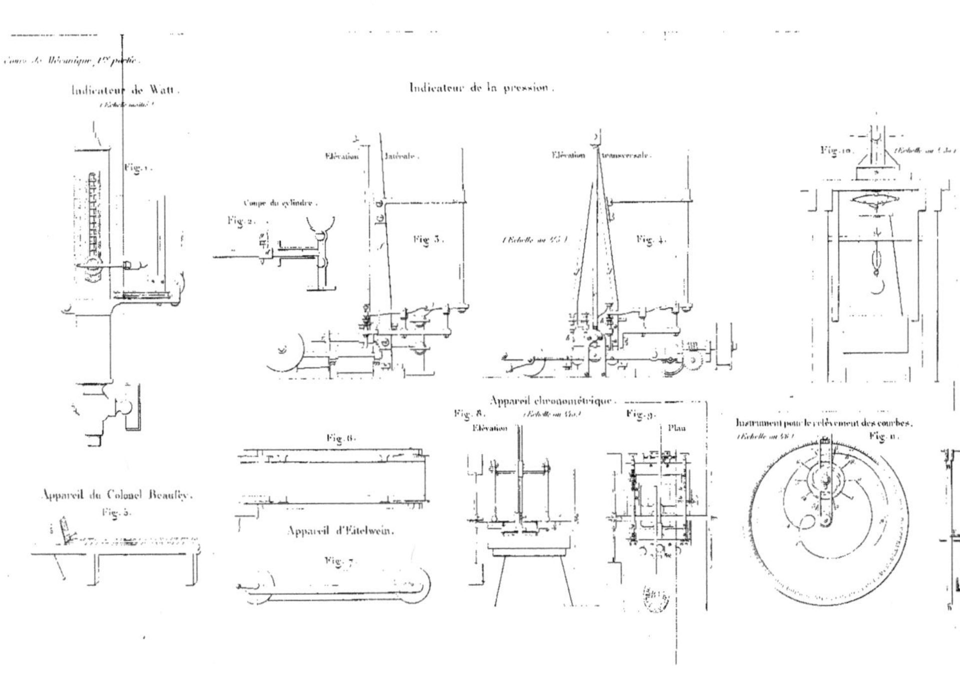

Cours de Mécanique, 1.ᵉ partie.
Indicateur de Watt.
(Echelle moitié)
Indicateur de la pression.
Fig. 1.
Elévation latérale.
Coupe du cylindre.
Fig. 2.
Fig. 3.
Elévation transversale.
(Echelle au 1/5)
Fig. 4.
Fig. 10.
(Echelle au 1/4)
Appareil chronométrique.
Fig. 8.
(Echelle au 1/4)
Elévation
Fig. 9.
Plan
Instrument pour le relèvement des courbes.
(Echelle au 1/4)
Fig. 11.
Appareil du Colonel Beaufoy.
Fig. 5.
Fig. 6.
Appareil d'Eitelwein.
Fig. 7.

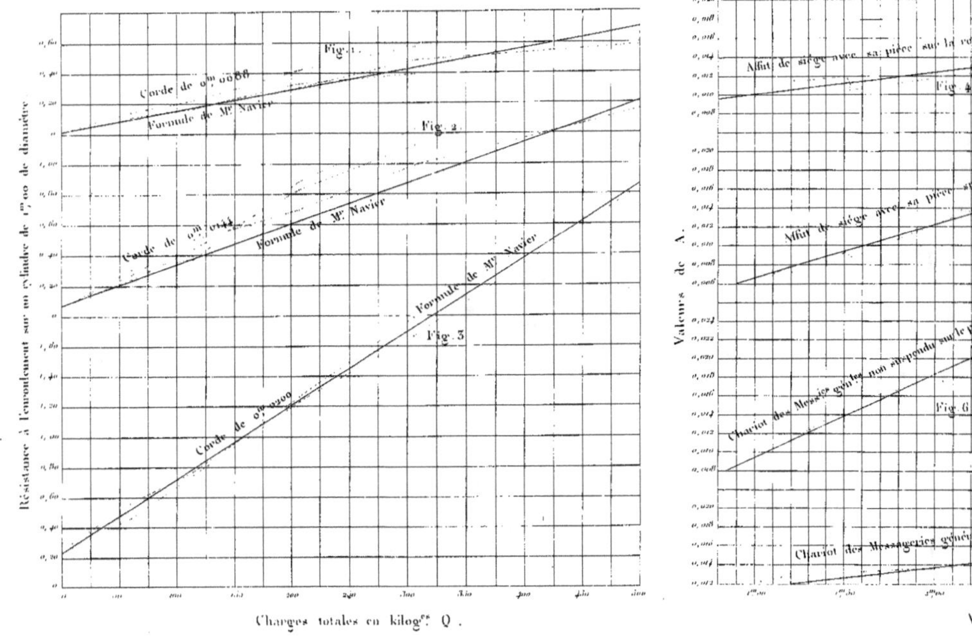

Résistance à l'enroulement sur un cylindre de 1m,00 de diamètre
Valeurs de A.
Charges totales en kilog". Q.
Fig. 1
Corde de 0m,0088
Formule de Mr Navier
Fig. 2
Corde de 0m,0144
Formule de Mr Navier
Formule de Mr Navier
Fig. 3
Corde de 0m,0200
Affut de siège avec sa pièce sur la rou
Fig. 4
Affut de siège avec sa pièce
Chariot des Messageries générales non suspendu sur le pa
Fig. 6
Chariot des Messageries généra